国外高校土木工程专业图解教材系列

钢筋混凝土设计

原著 第二版

（适合土木工程专业本科、高职学生使用）

[日] 粟津清藏 主编
伊藤实、小笹修广、佐藤启治 合著
季小莲 译

U0376230

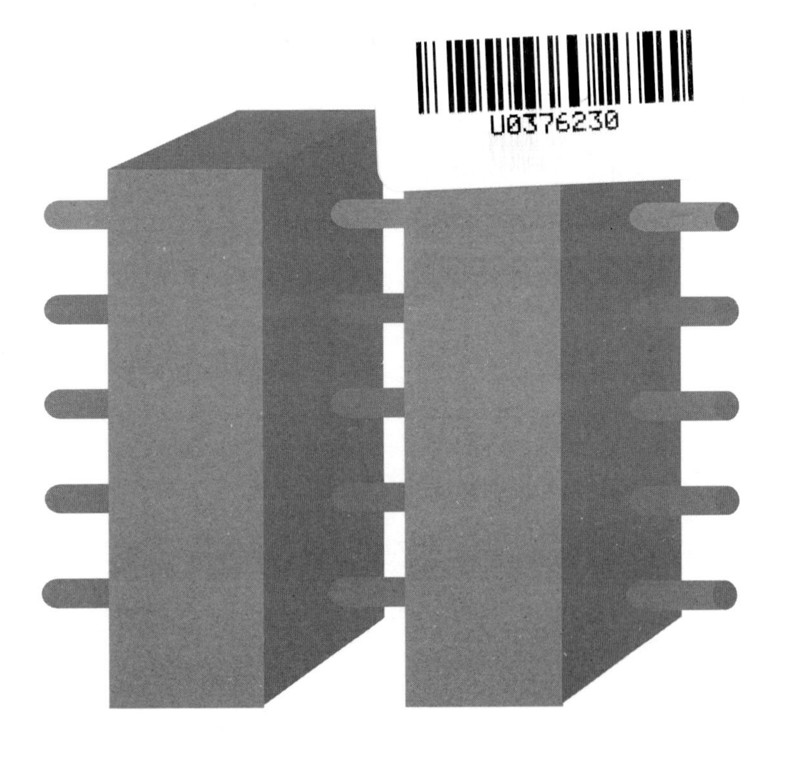

中国建筑工业出版社

编辑委员会

主　　编 粟津清藏（日本大学名誉教授·工学博士）

编委成员 宫田隆弘（原高知县建设短期大学校长）

浅贺荣三（原栃木县立宇都宫工业高等学校校长）

国泽正和（原大阪市立泉尾工业高等学校校长）

田岛富男（TOMI 建设资格教育研究所）

前　言

钢筋混凝土是在混凝土中加入钢筋而形成的混合材料，由钢筋混凝土设计的梁在房屋建筑、高架桥等构筑物中广泛应用。

钢筋混凝土材料的“梁”有各种不同的截面形状和规格尺寸，截面中钢筋的直径和根数也不相同。决定梁的截面形状、大小、钢筋直径和根数的工作由土木工程师承担。也就是说，建筑中梁的尺寸不是随意决定的，是根据相关理论和经验通过计算设计出来的。

一般认为，最早的钢筋混凝土理论是由奥地利的 Koenen 于 1887 年发表的。以后，钢筋混凝土设计一直采用容许应力设计方法，再后来出现了极限状态设计方法和性能化设计方法，取得了很大的进步和发展。

由土木工程学会制定的《混凝土设计规范》针对钢筋混凝土设计中的各基本事项进行了规定和指导。1986 年制定的《混凝土设计规范》全面采用极限状态设计方法代替传统的容许应力设计方法。在此基础上，2012 年制定的《混凝土设计规范》采用了性能化设计方法。

但是在实际设计应用中，并未全面采用性能化设计方法，还经常采用传统的容许应力设计方法。可以认为，当前是容许应力设计方法、极限状态设计方法和性能化设计方法的混用过渡期。

基于这一现状，本书的内容包括容许应力设计方法和作为性能化设计方法基础的极限状态设计方法。本书主要以短期大学、工科大专院校的建筑系学生为对象，通过图文并茂的形式，浅显易懂地阐述了钢筋混凝土设计的基础知识。

虽然本书讲述的钢筋混凝土的内容属于土木学科中的应用学科，但是阅读本书还需要数学、应用力学、土力学、水力学等基础学科知识的帮助。尽管掌握了上述基础学科的基础知识就可以理解本书的内容，但还是建议读者能够用心地阅读上述基础学科的“图解”系列丛书。

此外，本书还可以作为第一次接触极限状态设计方法和性能化设计方法的、活跃在建筑领域的工程技术人员的入门书。

最后，对为本书的出版付出很多精力和时间的欧姆社出版部的全体同仁表示衷心的感谢。

著者

关于修订版

1960年召开的第11次国际度量衡总会做出了采用国际单位制(SI单位)的决定。为了顺应该潮流，1972年日本工业标准调查会通过决议要求，制订标准采用非国际单位制时必须在其后添加括弧注明SI单位以供参考。第一阶段的单位适应期结束于1979年。1990年召开的日本工业标准调查会通过决议要求标准中全部采用国际单位制。于是，1991年日本钢铁工业标准（钢铁JIS）的单位改成了国际单位制。1992年修改计量法，要求所有单位采用国际单位制。

本书第1版使用的单位是传统的重量单位制。由于国际单位制已被广泛采纳，所以第二版中所有单位改用国际单位制。

著者

目 录

第 1 章　钢筋混凝土概况

第 2 章　钢筋混凝土设计方法

第 3 章　容许应力设计方法

第4章 极限状态设计方法

第5章 承载力极限状态验算

第 6 章　正常使用极限状态验算

第 7 章　疲劳极限状态验算

第 8 章　一般结构构造

第 9 章　护壁设计

1

第 1 章　钢筋混凝土概况

钢筋混凝土（reinforced concrete:RC）正如字面上的意思，是混凝土中内置钢筋，混凝土与钢筋组成一体共同作用的材料。混凝土在温度变化和干燥收缩时容易产生裂缝,对冲击荷载(地震等)作用时的抵抗能力也不强。在混凝土中内置钢筋可以弥补这一缺陷。钢筋弹性强度最大值，即屈服强度 f_y，为混凝土抗压强度的 10 倍以上，混凝土抗拉强度的 100 倍以上。由此可以看出**混凝土抗压强度强、抗拉强度弱**。但即使是混凝土的抗压强度，与钢筋相比也小很多。

因此，钢筋混凝土梁的受力原理，如图 1.1 中所示，梁的受压区的力由混凝土负担，受拉区的力（混凝土的缺陷部分）由**抗拉强度强的钢筋**负担。当然，在进行柱子设计时，有时也通过增加钢筋用量提高混凝土的受压承载力。

本章将学习以下内容：

（1）钢筋混凝土的特点

（2）钢筋混凝土中的钢筋和混凝土的性质

（3）本书中使用的各种符号说明

（4）相关荷载

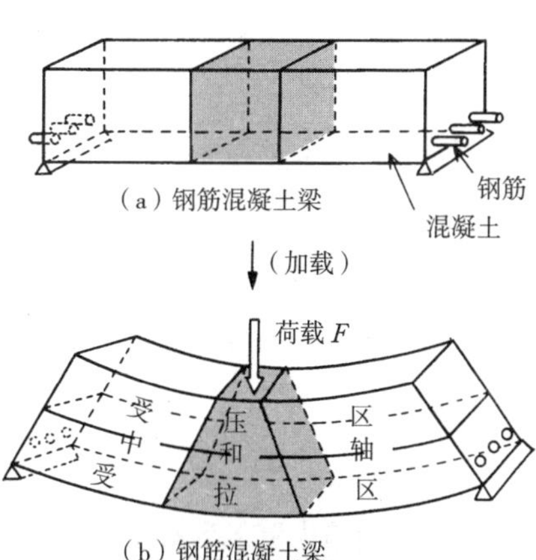

（a）钢筋混凝土梁

（b）钢筋混凝土梁（加载时的变形情况）

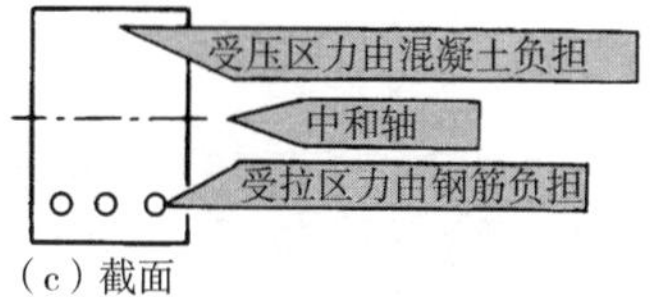

（c）截面

图 1.1　钢筋混凝土梁

1 钢筋混凝土的特点

两人三脚 钢筋与混凝土

钢筋混凝土成立的三个条件

钢筋和混凝土是完全不同性质的两种材料，组合后能够形成一体抵抗外力、并作为良好的结构材料被广泛利用，是因为它具有以下性质：

（1）钢筋与混凝土的热膨胀系数基本一致。

钢的热膨胀系数约为 $11\sim12\times10^{-6}/℃$，混凝土的热膨胀系数约为 $7\sim13\times10^{-6}/℃$，都在 $10\times10^{-6}/℃$左右，属于同一量级，可以不考虑两者之间的应力差。

（2）钢筋与混凝土的粘结强度大。

按常规设计施工的钢筋混凝土构件，钢筋与混凝土之间具有足够的粘结强度，任意一方所受的应力都可以充分地传递给另一方，双方相互作用的机理不会被破坏。

（3）钢筋内置入混凝土中不易锈蚀。

混凝土中的水泥砂浆为碱性，包裹在水泥砂浆中的钢筋不会因氧化等发生锈蚀。

钢筋混凝土的优点和缺点

钢筋混凝土是很好的材料，它既有优点也有缺点。表1.1中对其优缺点进行了归纳。

在开始讲解［**材料及其性质**］之前，先看看混

钢筋混凝土的优点和缺点 表 1.1

优 点	缺 点
·具有优良的耐久性和耐火性。 ·可以形成各种形状、各种规格尺寸的构筑物。 ·与其他结构相比经济性好，维护修理费少。 ·振动、噪声小。	·自重较大，不利于在软弱地基上修建构筑物。 ·易产生裂缝，容易产生局部损坏。 ·检查、改造困难。 ·施工粗糙，质量不易控制。

凝土有哪些优点和缺点。

设计钢筋混凝土时，除了需要抗拉强度和抗压强度外，表示钢筋或混凝土品质的材料特性还包括其他强度、弹性模量、热特性、耐久性、水密性等。在本章中，讲述钢筋和混凝土的基本事项。

进行钢筋混凝土结构设计时，需要**荷载（作用）强度和材料（抵抗）强度**。设计规范中使用的强度，是在确保一定安全性的情况下，将离散性大的样本数据规定为定值，该数值被称为荷载或材料的**特征值**。当给出了荷载及材料强度的标准值或公称值时，利用**修正系数**可转算为特征值。判断荷载、材料、结构等是否安全的基准系数被称为**安全系数**。

本章只进行简单扼要的描述，在第 4 章中将通过具体例题进行详细讲解。

2 混凝土的重量与强度

材料及其性质（1）

重量 素混凝土的重量一般为22.5~23.0kN/m^3，钢筋混凝土的重量为24.0~24.5kN/m^3。

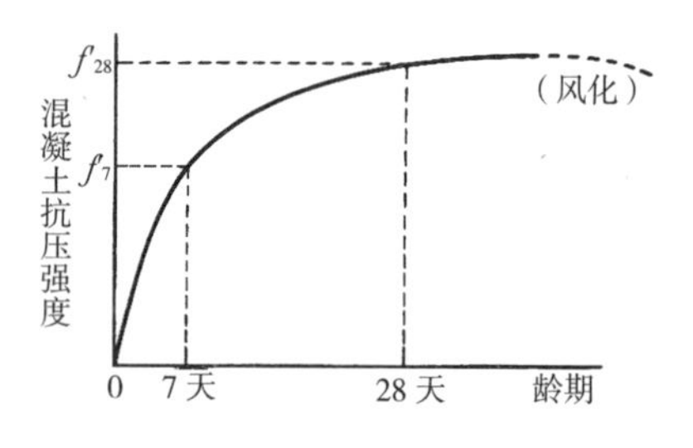

图1.2 混凝土的龄期与抗压强度的关系（标准养护）

强度特征 混凝土以试件**标准养护28天的抗压强度**作为强度标准值。如图1.2中所示，混凝土的抗压强度，养护的前7天快速增长，随后至28天平缓增长，28天以后缓慢增长。

混凝土的强度受材料、配合比、拌合、浇注、养护的影响，还受凝结硬化后龄期、温度、湿度等环境因素的影响。

各种强度设计值 混凝土的抗压、抗拉、抗弯及局部抗压的强度设计值，由各对应的强度特征值除以混凝土的材料系数γ_c得到。各特征值应根据相应的试验结果确定。当没有相应的试验结

混凝土的各种设计强度《混凝土规范（设计篇）》（单位N/mm^2） 表1.2

极限状态	承载力极限状态						正常使用极限状态					
抗压强度标准值f'_{ck}	18	24	30	40	60	80	18	24	30	40	60	80
抗压强度设计值f'_{cd}	13.8	18.5	23.1	30.8	40.0	53.3	—	—	—	—	—	—
抗弯强度设计值f_{bd}	2.2	2.7	3.1	3.8	4.3	5.2	2.9	3.5	4.0	4.9	6.4	7.8
抗拉强度设计值f_{td}	1.2	1.5	1.7	2.1	2.4	2.8	1.6	1.9	2.2	2.7	3.5	4.3
粘结强度设计值f_{bod}	1.5	1.8	2.1	2.5	2.9	3.4	—	—	—	—	—	—

（注）《混凝土规范（设计篇）》于1996年制定。

果时，可利用普通混凝土的抗压强度特征值f'_{ck}（标准强度），按以下公式通过计算求得。

抗弯强度：$f_{bk}=0.42\,f_{ck}^{2/3}$ （1.1）

抗拉强度：$f_{tk}=0.23\,f'^{2/3}_{ck}$ （1.2）

粘结强度：满足日本工业标准 G 3112 规定的螺纹钢筋按下式计算

$f_{bok}=0.28\,f'^{2/3}_{ck}$ （1.3）

但应满足 $f_{bok}\leqslant 4.2\text{N/mm}^2$

普通光面钢筋的粘结强度取螺纹钢筋的 40%。此时，在钢筋末端应设置 180° 的弯钩（参见图 8.3）。

局部抗压强度：$f'_{ak}=\eta\cdot f'_{ck}$ （1.4）

式中，$\eta=\sqrt{A/A_a}\leqslant 2$

A：混凝土局部受压计算底面积

A_a：混凝土局部受压面积

对应于混凝土抗压强度标准值f'_{ck}的强度设计值见表 1.2。抗拉强度 / 抗压强度≈ 1/10~1/13，抗弯强度 / 抗压强度≈ 1/5~1/7。从中可以看出混凝土抗压能力强。

疲劳强度设计值

混凝土疲劳强度特征值，应考虑混凝土的种类和结构外露条件，根据疲劳试验测得的强度来确定。混凝土的抗压和压弯、抗拉和拉弯的疲劳强度设计值f_{rd}一般为疲劳寿命N和永久荷载作用产生应力σ_p的函数，由下式求得（参见第 7 章例题 4）。

$$f_{rd}=k_1 f_d\left(1-\frac{\sigma_p}{f_d}\right)\left(1-\frac{\log N}{K}\right) \quad (1.5)$$

其中 $N\leqslant 2\times10^6$

f_d：混凝土的各强度设计值，计算时材料系数可取γ_c=1.3。此时，f_d值的上限值取f'_{ck}=50N/mm² 所对应的各强度设计值。

K：普通混凝土持续或经常处于水饱和状态时，或为轻质混凝土时取 10，其他情况取 17。

k_1：受压和压弯时取 0.85，受拉和拉弯时取 1.0。

σ_p：混凝土在永久荷载作用下产生的应力，受交变荷载（反复作用荷载）作用时取 0。

3

材料及其性质（2）

钢筋的种类与强度

种类 钢筋的种类有表面无凸起的**热轧钢棒**（又称**普通光面钢筋**）SR 235及SR 295，和为提高钢与混凝土之间的粘结力在表面设凸起的**热轧异性棒钢**（一般也称为**螺纹钢筋**）SD 295A、SD 295B、SD 345、SD 390及SD 490，共7种（参见表1.3）。

强度特征值 钢筋的抗拉屈服强度特征值f_{yk}和抗拉强度特征值f_{uk}，原则上应按照日本工业标准Z 2241《金属材料抗拉试验方法》中的规定进行抗拉试验后确定。符合日本工业标准的材料，其特征值f_{yk}和f_{uk}取日本工业标准值的下限值，截面面积采用公称面积。

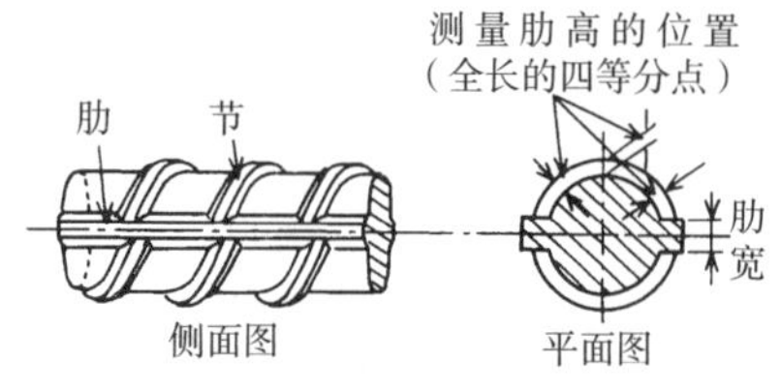

图1.3 带肋钢棒（例）

抗压屈服强度特征值f'_{yk}与抗拉屈服强度特征值f_{yk}相等。

抗剪屈服强度特征值f_{uyk}一般按下式计算。

$$f_{uyk}=f_{yk}/\sqrt{3} \tag{1.6}$$

各强度设计值 钢筋的抗拉、抗压和抗剪强度设计值为各对应强度的特征值除以材料系数γ_s。

疲劳强度设计值 钢筋疲劳强度特征值由疲劳试验得到的疲劳强度决定（参见第7章例题3）。疲劳强度试验应考虑不同种类、形状、尺寸、连接方法、作用应力和作用频度以及环境条件的影响。

螺纹钢筋的疲劳强度设计值f_{srd}是疲劳寿命N和由永久荷载作用产生的钢筋应力σ_{sp}的函数，按以下公式计算。

$$f_{srd}=190\frac{10^a}{N^k}\left(1-\frac{\sigma_{sp}}{f_{ud}}\right)\Big/\gamma_s \text{（N/mm}^2\text{）} \qquad (1.7)$$

式中$N\leqslant 2\times10^6$

f_{ud}：钢筋抗拉强度设计值

γ_s：钢筋的材料系数，一般取 1.05

a、k：原则上应通过试验确定，

当$N\leqslant 2\times10^6$时，可按以下公式计算。

$a=k_0(0.82-0.003\phi)$

k=0.12

式中ϕ：钢筋直径

k_0：与钢筋螺纹形状相关的系数，一般取 1.0。

在第7章中有例题

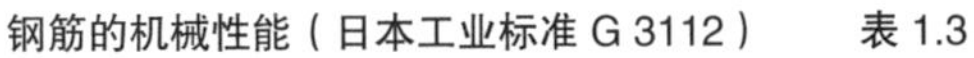
钢筋的机械性能（日本工业标准 G 3112） 表 1.3

钢筋种类	屈服点或 0.2% 强度（N/mm^2）	抗拉强度（N/mm^2）	拉伸试件形式	伸长率 *（%）
SR 235	235 以上	380~520	2 号	20 以上
			3 号	24 以上
SR 295	295 以上	440~600	2 号	18 以上
			3 号	20 以上
SD 295 A	295 以上	440~600	参照 2 号试件	16 以上
			参照 3 号试件	18 以上
SD 295 B	295~390	440 以上	参照 2 号试件	16 以上
			参照 3 号试件	18 以上
SD 345	345~440	490 以上	参照 2 号试件	18 以上
			参照 3 号试件	20 以上
SD 390	390~510	560 以上	参照 2 号试件	16 以上
			参照 3 号试件	18 以上
SD 490	490~625	620 以上	参照 2 号试件	12 以上
			参照 3 号试件	14 以上

* 螺纹钢筋中，对于ϕ32 以上规格的钢棒，伸长率的取值应按照直径每增加 3mm 减去 2%、但减小幅度不超过 4% 的方法，对表中的数值进行修正。

（自 1991 年 1 月 1 日起实施）

4

混凝土与钢筋

材料及其性质(3)

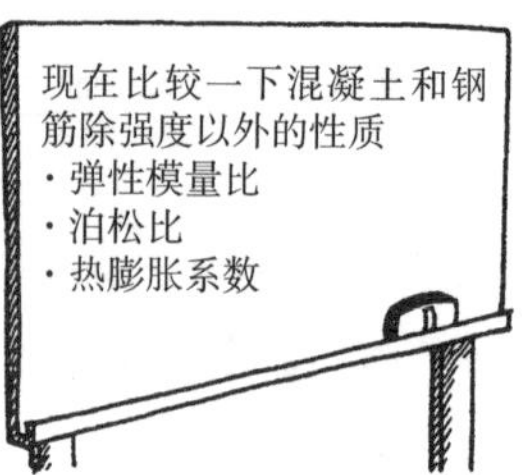

混凝土

弹性模量

混凝土**弹性模量**原则上应按照土木学会标准《混凝土静弹性模量试验方法(方案)》中的规定进行抗压试验,由得到的应力－应变曲线求得。混凝土与钢筋不同,不是真正意义上的弹性体,应力－应变关系如图1.4所示为曲线形状,在弹性范围内没有直线段。为了能适用虎克定律按弹性体考虑,一般取原点到抗压强度1/3点连线的斜率和对应于应变 50×10^{-6} 点时应力的连线——图1.4中所示直线②的斜率的平均值(**割线弹性模量**)作为**弹性模量** $\boldsymbol{E_c}$($=\sigma/\varepsilon=\tan\alpha_2$)。土木协会规定,在钢筋混凝土设计中计算正常使用极限状态的应力、弹性变形或不静定力时,混凝土弹性模量一般取表1.4中的数值,但当受往复荷载作用或作用应力小时,由于混凝土弹性模量与初期切线模量接近,可将表中数值提高10%。

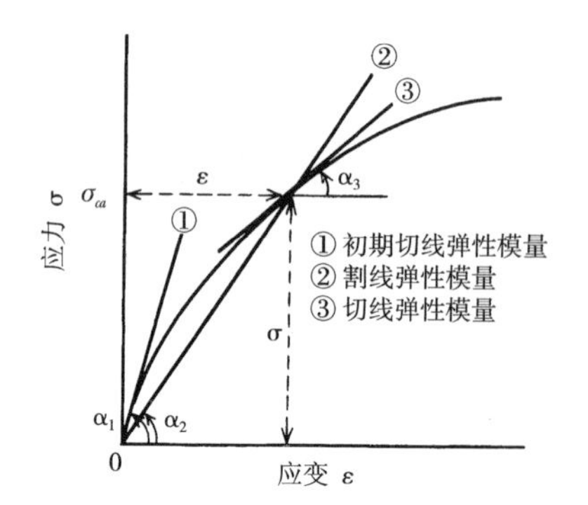

图1.4 混凝土的应力－应变曲线

混凝土弹性模量 表1.4

f'_{ck}(N/mm²)		18	24	30	40	50	60	70	80
E_c(kN/mm²)	普通混凝土	22	25	28	31	33	35	37	38
	轻骨料混凝土 *	13	15	16	19	—	—	—	—

* 骨料全部为轻骨料时。

泊松比

泊松比在弹性范围内一般取 0.2，但当允许受拉区产生裂缝时取 0。

热膨胀系数

热膨胀系数一般与钢筋一样取 10×10^{-6}/℃。

钢　筋

弹性模量

钢筋**弹性模量**原则上应根据**日本工业标准 Z 2241**《金属材料拉伸试验方法》中的规定进行拉伸试验，由得到的应力－应变曲线（图 1.5（a））求得。设计模型使用图 1.5（b）中所示简化模型。按照虎克定律，取该曲线弹性域 σ 与 ε 的比值（弹性域的斜率）作为弹性模量 E_s，一般可取 E_s（$\tan\alpha=f_{yd}/\varepsilon_y$）$=200\text{kN/mm}^2$。

这样规定的理由是虽然梁存在着荷载增加引起混凝土压溃和钢筋屈服后产生大变形两种破坏形式，但如前文所说由于钢筋的屈服强度 f_y 约为混凝土抗压强度 f'_c 的 10 倍，混凝土压溃一般在钢筋屈服之前发生。由此可以认为梁发生破坏，即混凝土压溃时，钢筋仍处在弹性区域。

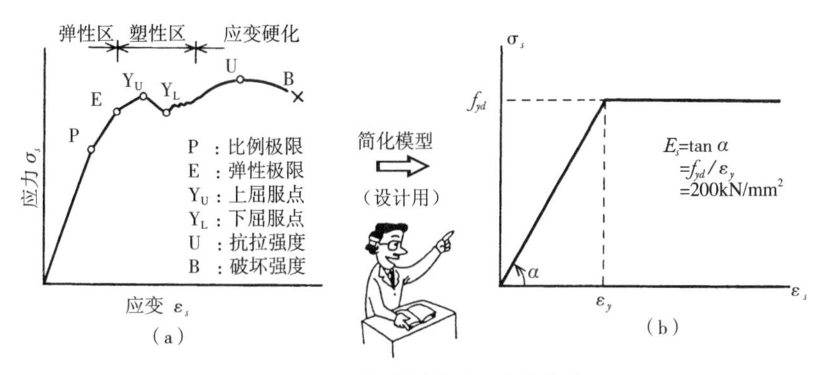

图 1.5　钢筋的应力－应变曲线

泊松比

泊松比一般取 0.3。由于测量方法等原因，泊松比的测量结果具有离散性，但对设计计算影响不大。

热膨胀系数

钢筋的**热膨胀系数**（线膨胀系数）可与混凝土取同样数值 10×10^{-6}/℃。

5 这个符号代表什么意思？

符号

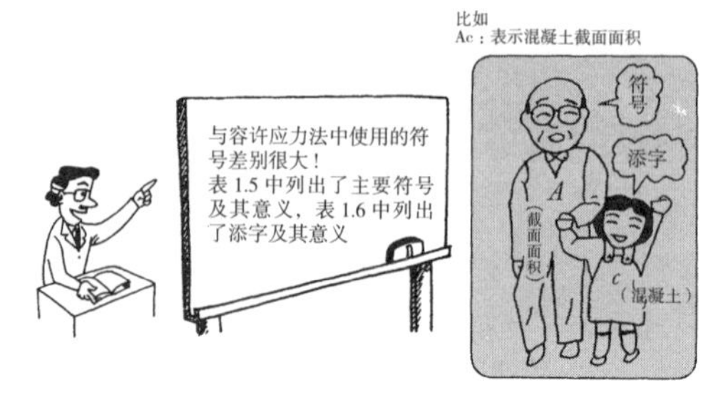

土木学会的相关规范中对钢筋混凝土设计计算中使用的符号进行了规定。下表中列出了本书中用到的主要符号。

此外，同一符号代表意义不同时容易混淆，因此在表的右侧给出了意义说明（表1.5中列出了其他未给出明确规定的符号及其意义，表1.6中列出了添字的符号及其意义。

A ：截面面积 A_c ：混凝土截面面积 A_s ：钢筋面积或受拉钢筋面积	A代表截面面积
b ：构件宽度 b_e ：有效宽度	
c ：保护层厚度 c_{min}：最小保护层厚度 c_o ：基本保护层厚度	c代表保护层厚度
d ：有效高度	
E_c ：混凝土弹性模量 E_s ：钢筋弹性模量	E代表弹性模量
F ：荷载 F_p ：永久荷载 F_r ：可变荷载	F代表荷载
f ：材料强度 f_b ：混凝土抗弯强度 f_c ：混凝土抗压强度 f'_{ck}：混凝土抗压强度特征值，标准强度 f_r ：疲劳强度 f_t ：混凝土抗拉强度 f_u ：钢筋抗拉强度 f_y ：钢筋抗拉屈服强度 f'_y ：钢筋抗压屈服强度	f代表材料强度

I_e：换算截面惯性矩 I_g：全截面惯性矩	I代表截面惯性矩
l_d：钢筋基本锚固长度 l_0：钢筋锚固长度	
M：弯矩 M_{cr}：截面产生裂缝时的临界弯矩 M_u：受弯承载力设计值	M代表弯矩
N：疲劳寿命或疲劳荷载时的等效循环次数	
N'：轴向压力设计值	
p：纵向受拉钢筋配筋率	
r：弯曲内半径	
R：截面承载力 R_r：疲劳承载力	R代表抗力
S：截面内力 S_p：永久荷载作用产生的内力 S_r：可变荷载作用产生的内力	S代表内力
T_c：混凝土中的受拉合力	
u：钢筋截面周长，载荷面的周长	
V：剪力 V_c：无抗剪钢筋构件的受剪承载力 V_p：永久荷载作用下的设计剪力 V_r：可变荷载作用下的设计剪力 V_y：剪力	V代表剪力
w：裂缝宽度	
z：压应力合力点至受拉钢筋合力点的距离	
ε'_c：混凝土的压应变	
σ：标准偏差	
σ_r：变幅应力	
τ：由剪力产生的剪应力	

主要符号 表 1.5

s：间距	ε：应变
x：至支点的距离	ρ：修正系数
α：与构件轴的角度	σ：应力
β：受剪承载力系数	φ：徐变系数
γ：安全系数，松弛系数	ϕ：直径
δ：变异系数，变形	

添字 表1.6

a：局部受压，结构分析	m：材料、平均
b：构件、平衡、受弯	n：标准值、标准、轴向
b_0：粘结	p：PC钢材、永久、拉拔
c：混凝土、受压、徐变	r：变动
c_r：裂缝	s：钢材、钢筋
d：设计值	t：受拉、受扭、横向
e：有效、换算	u：极限承载力
f：荷载	v：受剪
g：全截面	w：构件腹板
k：特征值	y：屈服
l：轴向	

例题1 符号规则（1）

说明以下符号和添字组合后所代表的意义。

（符号）

（添字）

［例］ A + c → A_c（混凝土截面面积）

① c + min →

② F + r →

③ σ + r →

④ I + e →

⑤ V + p →

（答案）① c_{min}：最小保护层厚度 ② F_r：可变荷载

③ σ_r：变幅应力 ④ I_e：换算截面惯性矩

⑤ V_p：永久荷载作用下的设计剪力

例题2 符号规则（2）

将以下符号和添字进行组合。

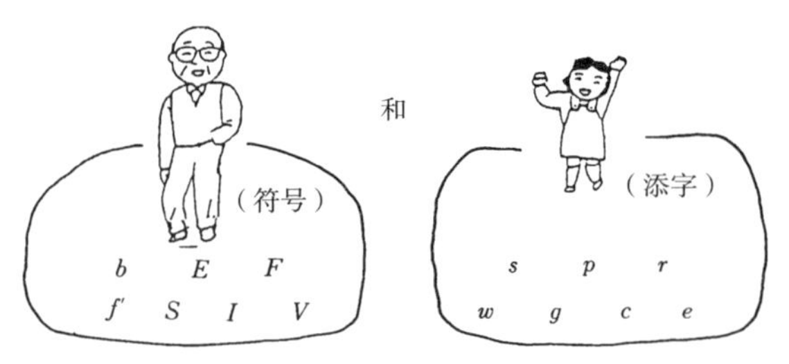

（答案）b_e：有效宽度；b_w：构件腹板宽度；E_c：混凝土弹性模量；E_s：钢筋及结构用钢材的弹性模量；F_p：永久荷载；F_r：可变荷载；f'_c：混凝土抗压强度；S_e：验算裂缝宽度时的截面内力；S_p：永久荷载作用下产生的内力；S_r：可变荷载作用产生的内力；I_e：换算截面惯性矩；I_g：全截面惯性矩；V_c：无抗剪钢筋构件的受剪承载力；V_p：永久荷载作用下的剪力；V_r：可变荷载作用下的剪力

例题 3 符号规则（3）

按照钢筋混凝土规范中的规定，写出以下钢筋混凝土用语的符号。

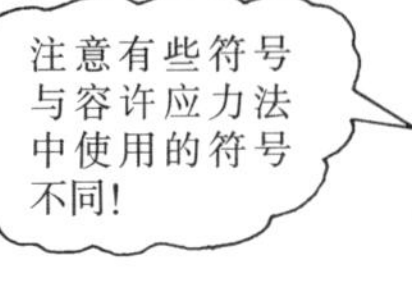

① 有效高度
② 钢筋截面积
③ 钢筋截面周长的总和
④ 钢筋抗拉强度
⑤ 混凝土抗压强度特征值
⑥ 截面承载力
⑦ 永久荷载
⑧ 安全系数
⑨ 永久荷载作用下产生的剪力
⑩ 受压应力的合力点至受拉钢材合力点的距离
⑪ 纵向受拉钢筋配筋率
⑫ 最小保护层厚度
⑬ 钢筋标准锚固长度
⑭ 构件宽度
⑮ 容许裂缝宽度

（答案）

① d　② A_s　③ u　④ f_u　⑤ f'_{ck}
⑥ R　⑦ F_p　⑧ γ　⑨ V_p　⑩ z
⑪ p　⑫ $c_{\min}$　⑬ l_d　⑭ b　⑮ w_a

6 各种荷载

荷载组合 在进行结构设计时，应针对施工或使用年限中需要验算的各种极限状态，对荷载进行合理组合。设计荷载取荷载特征值乘以荷载系数。表1.7中列出了各种极限状态下的荷载组合。

设计荷载组合《混凝土规范（设计篇）》 表1.7

极限状态	应考虑的荷载组合
承载力极限状态	永久荷载＋主要可变荷载＋次要可变荷载
	永久荷载＋偶然荷载＋次要可变荷载
正常使用极限状态	永久荷载＋可变荷载
疲劳极限状态	永久荷载＋可变荷载

荷载特征值 对承载力极限状态、正常使用极限状态、疲劳极限状态，应分别确定荷载特征值（参见第2章）。各种极限状态的荷载特征值见表1.8。

各种极限状态的荷载特征值 表1.8

	特征值
承载力极限状态	此时永久荷载、可变荷载、偶然荷载的特征值是指结构在施工中及使用寿命期内产生的最大荷载的估算值。当荷载小会对结构产生不利影响时，应取最小荷载的估算值。
正常使用极限状态	结构在使用寿命期内发生频率高的荷载，按照验算的极限状态和荷载组合确定。
疲劳极限状态	按照结构使用寿命期内荷载的变动情况确定。

荷载分类

表 1.9 中列出了按照作用频度、特征值、变动程度对荷载进行的分类。表 1.10 中列出了永久荷载计算时使用材料的单位重量。

荷载分类(按照作用频度、特征值、变动程度进行分类)表 1.9

	意义	示例
永久荷载	很少变动、与平均值比较变动可以忽略不计的持续作用的荷载	死荷载(由组成结构的材料自重产生的荷载)(表 1.10) 静止土压力、预应力 混凝土的干燥收缩和徐变等
可变荷载	变动频繁或连续发生、与平均值比较变动不可以忽略的荷载	活荷载(在结构上移动的机动车、列车、人群聚集荷载) 温度影响 风荷载、雪荷载等
偶然荷载	寿命期中作用频度很小,但作用时影响非常大的荷载	地震 撞击荷载等

(注)静水压力、流体压力、风荷载等特征值的计算公式见《混凝土规范(设计篇)》。

材料的单位重量　　表 1.10

材料	单位重量(kN/m^3)	材料	单位重量(kN/m^3)
钢、铸铁、锻钢	77	混凝土	22.5~23.0
铸铁	71	水泥混凝土	21.0
铝	27.5	木材	8
钢筋混凝土	24.0~24.5	沥青	11
预应力混凝土	24.5	沥青混凝土路面	22.5
钢筋轻骨料混凝土	18.0	轻骨料混凝土(骨料全部为轻骨料)	16.5

例题 4　静水压特征值的计算

静水压特征值 p_w 的计算公式如下所示。按照下面的条件确定特征值。

$$p_w = w_0 h \,(\mathrm{kN/m^2})$$

式中 h:水面以下深度(m),对不同的极限状态分别确定(假设 h=1m)

w_0:水的单位重量(kN/m^3),($w_0=1kN/m^3$)

(解) $p_w=w_0h=1\times1=1kN/m^2$

第1章 问题

〔问题1〕 简单叙述钢筋混凝土成立的三个条件是什么?

〔问题2〕 说明钢筋混凝土的优点和缺点，各列举四项。

〔问题3〕 请填空完成以下钢筋混凝土的句子。

（1） 混凝土的强度以 __1__ 的混凝土试件 __2__ 天的抗压强度作为标准强度。混凝土的抗压强度约为抗拉强度的 __3__ 倍、受弯拉应力的 __4__ 倍。

（2） 钢筋混凝土应力计算时，钢筋弹性模量 E_s 为 __5__ kN/mm²，当混凝土 f'_{ck} 为 24N/mm² 时，弹性模量 E_c 为 __6__ kN/mm²。因此，弹性模量比为 __7__ 。

（3） 钢筋混凝土中的钢筋，表面上有凸起的称为 __8__ ，没有凸起的称为 __9__ 。

〔问题4〕 在下表的空栏中填入混凝土符号或所代表的意义

符号	意　义	符号	意　义
I_e			钢筋锚固长度
	混凝土抗压强度		弯矩
c_{min}		w	
E_c		F_r	
	纵向受拉钢筋配筋率		永久荷载作用下产生的应力

第 2 章　钢筋混凝土设计方法

从古至今，土木建筑中采用过各种各样的材料。近代土木构筑物中，钢筋混凝土是经常采用的非常重要的材料之一。常用的建筑材料有土、木、石、混凝土、钢筋等。在实际工程中，为了发挥优势弥补不足，这些材料有时分别利用，有时组合利用。

其中钢筋混凝土是最具代表性的优势互补的建筑材料。本书学习钢筋混凝土的设计方法。

土木建筑中，桥梁、隧道、道路、防波堤、上下水道、堤坝等是与市民生活直接相关的具有很强公共性质的构筑物，并且使用寿命都很长。

正如常说的，“世界上不存在完全一样的建筑”，每栋建筑的建设场地不同、周边环境不同、气象条件也不同。在这种情况下，就要求建筑物在建设过程中保证安全性和经济性，在使用过程中在不影响周边环境美观的条件下能长期满足使用功能的需求。

以下是设计流程概要：

1. 设计方案……1）事前进行各种调查
　　　　　　　　2）选定建筑材料及建筑形式
2. 结构设计……1）结构分析
　　　　　　　　2）截面验算——与设计规范规程等的比较
3. 设计制图

（结构分析、截面验算、设计制图均与设计规范规程等进行比较）

本书主要学习如何进行结构设计。

1 设计方法的历史沿革

探访历史

从粘接剂开始 在叙述钢筋混凝土的历史前，先介绍混凝土的历史（参见表2.1）。在古埃及金字塔的建设中，采用了由熟石灰和石灰拌合后制成的粘接剂。从古希腊和罗马时代起一直到到18世纪，修建房屋和修筑道路，采用由火山灰和石灰拌合后制成的水泥。

现在使用的水泥发源于1824年，这一年英国人约瑟夫·阿斯普丁发明了将黏土与石灰石拌合后高温加热烧制水泥的方法，并获得了专利。

混凝土的历史　　表2.1

年代	内容
古埃及	将熟石灰和石灰拌合后作粘接剂，用于砌筑石结构建筑（金字塔等）。
希腊和罗马时代	将火山灰和石灰拌合而成的火山灰水泥用于建造房屋和修筑道路。
1824年	英国的约瑟夫·阿斯普丁发明了用石灰石和黏土混合后烧制成波特兰水泥的水泥生产方法并申请了专利。
1855年	法国人兰博制作了侧壁中装有钢丝网的小船，其作品在第1届巴黎世界博览会上展出。
1867年	法国园艺师莫尼埃制作了中间设有格子状钢筋的板并获得了专利。该技术在花盆、混凝土水管和蓄水池中得到了发展和应用。
1872年	在东京深川，开办了官办波特兰水泥工厂。
1875年	生产出日本最早的水泥。
1887年	德国人凯恩发表了钢筋混凝土的设计理论。
1890年	开始建造日本第一个钢筋混凝土工程，横滨护岸沉箱工程。
1903年	广井勇博士介绍了术语“钢筋混凝土”。
1916年	德国钢筋混凝土委员会：发表第一部混凝土计算规范及说明（容许应力设计方法）。
1931年	日本土木学会：制定了《钢筋混凝土标准设计指南》（容许应力设计方法）。
1964年	欧洲混凝土委员会：公布了以极限状态设计方法为基础的设计标准。
1978年	欧洲混凝土委员会和国际预应力混凝土联合会（CEB/FIP）：制定了model code’78。
1986年	日本土木学会：在混凝土设计手册中采用极限状态设计方法。

在日本也曾有过

钢筋混凝土是通过材料的有效组合达到提高结构性能的材料，这种创意在日本古代建筑中也有体现。比如民居中，用石头和稻草混合后砌筑的外墙或围墙等。

用石头砌墙在增加体积的同时增加了强度，在墙中设置格子状竹板条骨架的做法与现在的钢筋混凝土楼板的设计理念相当，用细草绳缠绕格子状的竹子是为了增加土与竹子的握裹力，这种做法不是与螺纹钢筋的作用很相似吗？

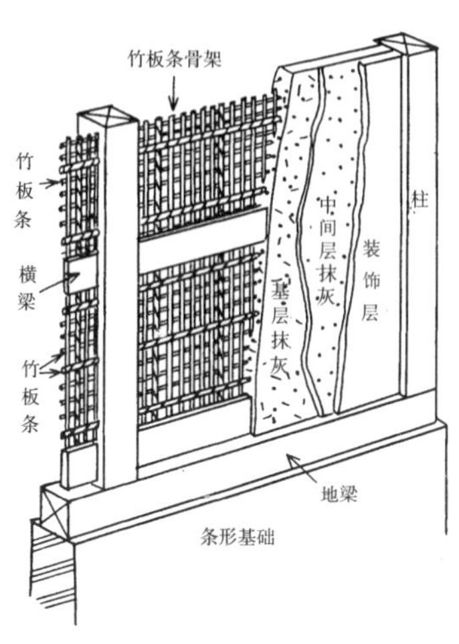

图 2.1 土墙

钢筋混凝土的首次亮相（最开始是小船）

1850 年法国人兰博制作了侧壁中设有铁丝网的小船，并在 1855 年第 1 届巴黎世界博览会上展出。据说这是钢筋混凝土的首次亮相。在尝试了用钢筋网、钢板进行加强的基础上，法国园艺师莫尼埃于 1867 年获得了内设格网状钢筋的“莫尼埃式钢筋混凝土”的专利。该技术在花盆、混凝土管和蓄水池、楼板以及拱桥中得到了发展和应用。

混凝土是万能的吗？

19 世纪中期发明的钢筋混凝土理论，到 20 世纪初期基本上已形成体系，应用中存在的实际问题也已得到解决。然而，由于用于验算截面的容许应力法是用安全系数（k）保证安全的方法，而施工质量的好坏对混凝土强度的影响很大，这种混凝土强度的不确定性严重困扰着工程师们。事实上，在欧洲按照容许受弯压应力 $\sigma'_a \leq f'_{ck}/k$、容许受弯拉应力 $\sigma_{ta} \approx 0$ 设计的烟囱，多次发生在微超设计风压的风荷载作用下截面受拉区破坏的事故。这些事件说明容许应力方法中通过安全系数保证安全的方法并不能确保安全。于是人们开始关注保证结构不破坏的设计方法，从此对材料和构件的研究开始盛行。

2 老字号店铺

容许应力设计方法

容许应力设计方法

钢筋混凝土结构从一开始就采用容许应力设计方法。这种设计方法是，先用弹性理论计算在假定荷载作用下结构各构件产生的弯矩、剪力和轴力等，然后用弹性理论计算钢筋和混凝土的应力，最后对比计算结果和由混凝土及钢筋的强度标准值确定的容许应力，确定其是否安全。

计算容许应力时的基本假定如下：

（1）忽略混凝土的抗拉强度，假设应变与至截面中和轴的距离成正比。

（2）钢筋与混凝土弹性模量比（$n=E_s/E_c$）取 15。

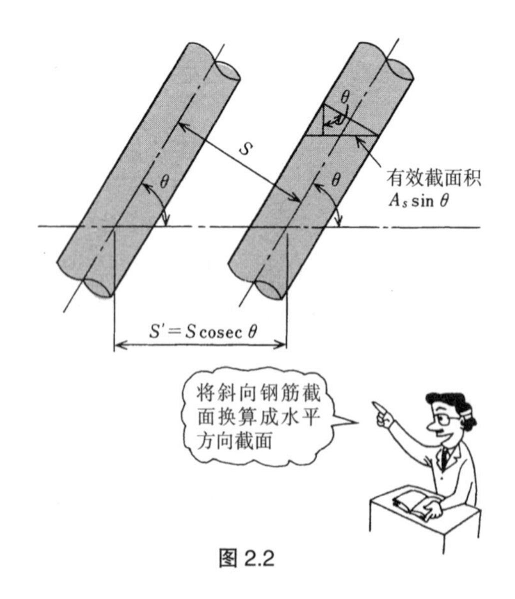

图 2.2

（3）当钢筋不垂直于设计截面时，钢筋的有效面积取钢筋面积乘以钢筋和截面夹角的正弦值（$A_{se}=A_s \times \sin\theta$）。

标准强度与容许应力

容许应力设计法中，用标准强度和容许应力确认构件是否安全。标准强度应通过对构件材料进行材料强度试验，在考虑离散性的基础上确定，并应保证大部分试验值大于该值（参见第 4 章3）。容许应力是以标准强度为基础，考虑安全系数等各种系数后确定。抗弯压、抗剪、粘结、局部受压的各容许应力见第 3 章1和2。

构件的材料强度按下式计算：

$$f=\frac{P}{A} \tag{2.1}$$

式中 f：材料强度，P：破坏荷载，A：构件截面面积

假设材料强度的离散率符合正态分布，则材料强度的特征值按下式计算（具体参见第 4 章3）。

$$f_k=f_m(1-k\delta) \tag{2.2}$$

式中 f_k：材料强度特征值（标准强度）

f_m：材料强度平均值

δ：变异系数，k：系数（=1.64）

计算时安全系数取 3

容许应力按下式计算。

$$\sigma_a=\frac{f_k}{k} \tag{2.3}$$

式中 σ_a：容许应力，f_k：标准强度，k：安全系数

例题 1　容许应力计算

通过混凝土的抗压强度试验，得到强度标准值 f'_{ck}=27 N/mm²。安全系数取 3 时，求容许抗压强度 σ'_{ca}。

（解） 容许抗压强度

$$\sigma'_{ca}=\frac{f'_{ck}}{k}=\frac{27}{3}=9\ \text{N/mm}^2$$

3 新面孔

极限状态设计方法

极限状态设计方法　极限状态设计方法是预先设置几种不允许结构发生的极限状态，然后对各种状态进行安全性验算。

极限状态是指当设定状态发生时，结构物会发生倾覆、偏移或结构构件局部破坏使结构无法继续使用的状态，以及产生过大的裂缝或挠度影响结构正常使用的状态。极限状态可分为三种，**承载力极限状态、正常使用极限状态和疲劳极限状态**。

各种状态的详细讲解见第4章，简单归纳的设计流程见图2.3、图2.4和图2.5。

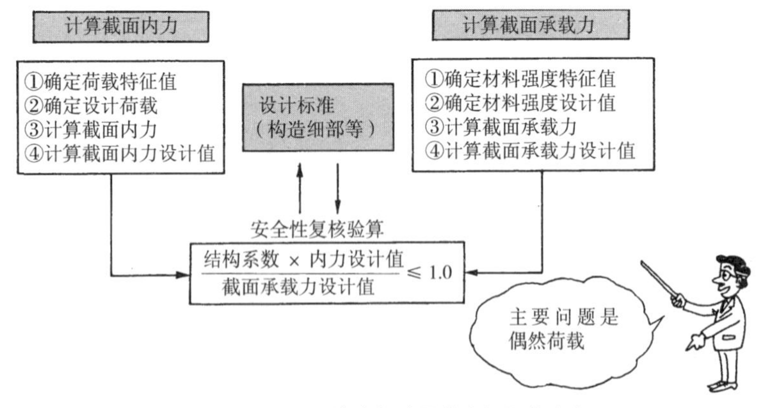

图2.3　设计流程（承载力极限状态）

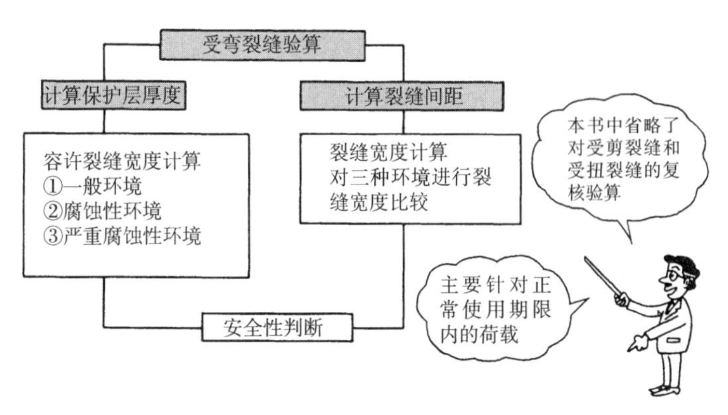

图 2.4 设计流程（正常使用极限状态）

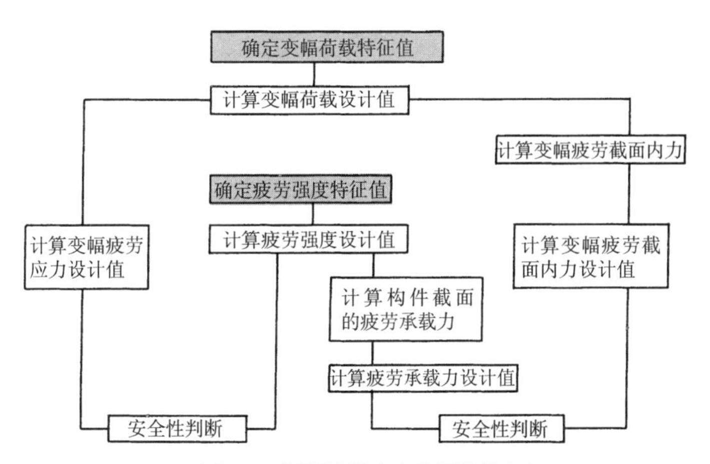

图 2.5 设计流程（疲劳极限状态）

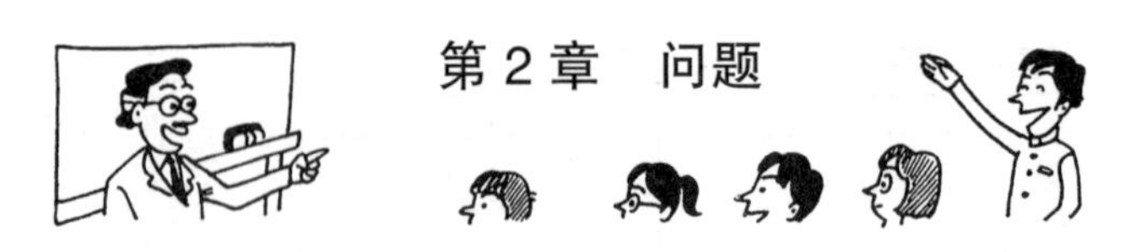

第2章 问题

〔问题1〕 填空以完成以下句子。

古埃及将 __1__ 和 __2__ 拌合后做成 __3__ ，与石材结合修建构筑物和 __4__ 。

到了古希腊、罗马时代，开始用 __5__ 和 __6__ 混合后得到火山灰水泥，用于修建房屋和筑路。

一般认为，1855年在第1届巴黎世界博览会上展出的、由法国人兰博制作的内中配置 __7__ 的小船，是钢筋混凝土的首次亮相。

1867年，法国园艺师莫尼埃获得了中间设有格子状钢筋的“ __8__ ”专利，该技术在 __9__ 、 __10__ 和 __11__ 中得到了发展和应用。

容许应力设计方法中，由于容许压弯应力按照 __12__ 、容许受拉应力按照 __13__ 计算，而 __14__ 使混凝土强度具有不确定性，当荷载超过设计值时，截面受拉区域发生破坏的事故经常发生。

〔问题2〕 在容许应力设计方法的计算假定中，钢筋和混凝土的弹性模量比是多少?

〔问题3〕 极限状态设计方法设定了对结构物需要进行验算的三种状态，这三种状态是什么?

第 3 章　容许应力设计方法

容许应力设计方法是假定钢筋和混凝土均为**弹性体**，要求在荷载作用下钢筋和混凝土产生的最大应力不超过各自的**容许应力**。

本章学习：① 钢筋和混凝土容许应力的计算方法，② 在弯矩和剪力作用下，钢筋混凝土构件应力的计算方法。

钢筋混凝土构件主要有**梁**、**板**（楼板）和**柱**。钢筋混凝土梁又分为只在受拉区域配置受力钢筋的**单筋梁**和受压区也配置钢筋的**双筋梁**。其截面形式主要有**矩形截面**和 **T 形截面**。

板可以认为是高度小、宽度大的平板梁。本章只围绕基本截面——**单筋矩形**截面梁和**单筋 T 形**截面梁进行讲解。

1 关卡通行证

混凝土的容许应力

容许应力的种类

混凝土的容许应力用**强度标准值** f'_{ck} 表示。混凝土的容许应力有以下几种。

混凝土的容许应力

① **容许受弯压应力** σ'_{ca}（N/mm²）

② **容许受剪应力** τ_{a1}、τ_{a2}（N/mm²）

③ **容许粘结应力** τ_{0a}（N/mm²）

④ **容许局部压应力** σ_{ca}（N/mm²）

混凝土强度标准值 f'_{ck}

混凝土的标准强度是结构设计时混凝土的强度指标，利用该值可确定混凝土的容许应力。

混凝土的标准强度应通过混凝土28天的抗压强度试验确定。混凝土的抗压试验应从使用混凝土中提取足够数量的样本，按照日本工业标准中的规定浇筑成圆柱体试件并进行标准养护（水中20℃）。

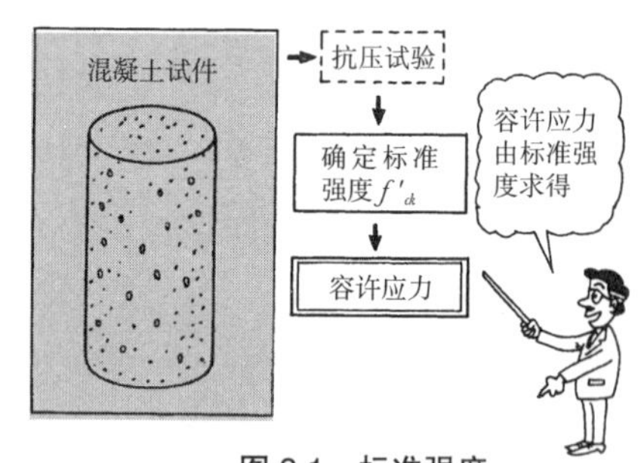

图3.1 标准强度

容许受弯压应力 σ'_{cca}

钢筋混凝土构件受弯矩作用时，构件中会产生弯应力。此时弯应力中的压应力可认为由混凝土部分承受。

所以，容许受弯压应力 σ'_{ca} 用于验算混凝土梁中混凝土的安全性。

《混凝土规范（设计篇）》中，规定了对应于混凝土强度标准值的容许应力，如表3.1所示。

容许受剪应力 τ_a

《混凝土规范（设计篇）》中规定的对应混凝土强度标准值的容许应力见表 3.1。一般情况下，钢筋混凝土梁不会在仅有剪力作用时发生破坏，而是如后文中所述，在斜截面主拉应力作用下产生裂缝。为了防止混凝土在产生裂缝后由于斜截面主拉应力作用引起破坏，在梁中布置**斜向抗拉钢筋**（参见第 52 页）。

表中 τ_{a1} 和 τ_{a2} 的意义如下。

τ_{a1}：未设斜向抗拉钢筋的梁，其剪应力由混凝土或纵向钢筋承受。τ_{a1} 表示此时可承担剪应力的容许值，规定约为 τ_{a2} 的 1/4.5。

τ_{a2}：表示在正常使用荷载作用下不产生裂缝的剪应力极限值。该值与混凝土的抗拉强度接近，约为标准强度的 1/10~1/17。

容许粘结应力 τ_{0a}

钢筋混凝土是由钢筋与混凝土组合而成。粘结应力表示钢筋与混凝土之间粘结的极限应力。《混凝土规范（设计篇）》中规定的与标准强度对应的容许粘结应力见表 3.1。

容许局部压应力 σ_{ca}

如钢筋混凝土的桥墩支座，当上部荷载的压力局部或者全部作用在混凝土桥墩支座表面时，这种压力称为局部压力。由局部压力产生的混凝土压应力称为局部压应力。《混凝土规范（设计篇）》中规定的与标准强度相对应的容许局部压应力见表 3.1。

混凝土的容许应力（普通混凝土时） 表 3.1

<table>
<tr><th colspan="3" rowspan="2">强度种类</th><th colspan="4">混凝土强度标准值 f'_{ck}（N/mm²）</th></tr>
<tr><th>18</th><th>24</th><th>30</th><th>40 以上</th></tr>
<tr><td colspan="3">容许受弯压应力 σ'_{ca}</td><td>7</td><td>9</td><td>11</td><td>14</td></tr>
<tr><td rowspan="3">容许受剪应力 τ_a</td><td rowspan="2">不计算弯起钢筋时 τ_{a1}</td><td>梁</td><td>0.4</td><td>0.45</td><td>0.5</td><td>0.55</td></tr>
<tr><td>楼板</td><td>0.8</td><td>0.9</td><td>1.0</td><td>1.1</td></tr>
<tr><td>计算弯起钢筋时 τ_{a2}</td><td>只有剪力时</td><td>1.8</td><td>2.0</td><td>2.2</td><td>2.4</td></tr>
<tr><td rowspan="2">容许粘结应力 τ_{0a}</td><td rowspan="2">钢筋种类</td><td>光面钢筋</td><td>0.7</td><td>0.8</td><td>0.9</td><td>1.0</td></tr>
<tr><td>螺纹钢筋</td><td>1.4</td><td>1.6</td><td>1.8</td><td>2.0</td></tr>
<tr><td rowspan="2">容许局部压应力 σ_{ca}</td><td colspan="2">全截面受荷时</td><td colspan="4">$\sigma_{ca} \leqslant 0.3 f'_{ck}$</td></tr>
<tr><td colspan="2">局部截面受荷时</td><td colspan="4">$\sigma_{ca} \leqslant (0.25+0.05\,A/A_a) f'_{ck}$
其中，$\sigma_{ca} \leqslant 0.5 f'_{ck}$
式中，A：混凝土表面总面积
A_a：局部压力作用面积</td></tr>
</table>

2 钢筋的容许应力

关键因素：
裂缝
抗疲劳性
屈服点

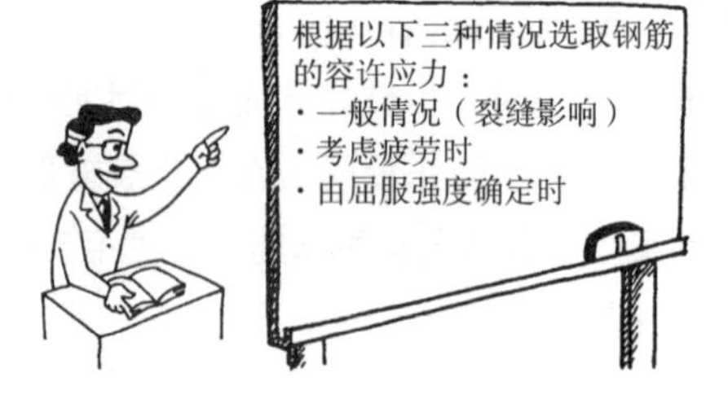

钢筋的容许应力

《混凝土规范（设计篇）》中规定的钢筋容许抗拉应力见表 3.2。该值原则上在考虑一定安全系数的基础上由屈服强度决定，其他还考虑了产生裂缝对耐久性的影响、往复荷载引起的疲劳等。

表 3.2（a）栏、（b）栏、（c）栏中钢筋的各容许应力代表的实际意义如下表所示。

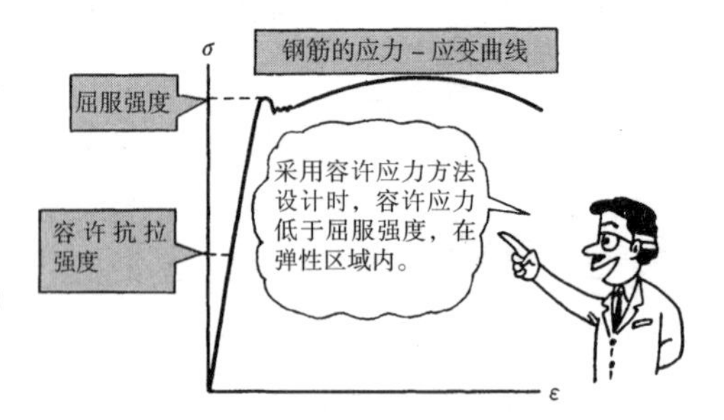

图 3.2 钢筋的容许应力

（a）栏：适用于考虑了裂缝影响的一般构筑物（普通外露结构）。受弯裂缝是引起钢筋锈蚀的主要原因，为使裂缝不对结构造成伤害设置的容许受拉应力上限值。
（b）栏：在考虑疲劳耐久性的基础上确定的数值。适用于公路桥桥板、铁路桥桁架梁等明显受往复荷载影响的构件。
（c）栏：考虑安全系数 1.7~1.8，用屈服强度计算得到的值。一般适用于考虑地震作用的情况。

钢筋的容许应力 σ_{sa}（N/mm^2） 表 3.2

钢筋种类	SR235	SR295	SD295A、B	SD345	SD390
（a）一般情况下容许抗拉应力	137	157	176	196	206
（b）由疲劳强度确定的容许抗拉应力	137	157	157	176	176
（c）由屈服强度确定的容许抗拉应力	137	176	176	196	216

（注）1）当钢筋混凝土强度标准值 f'_{ck} 低于 18N/mm^2 时，钢筋的容许抗拉强度对普通钢筋取 117N/mm^2 以下，对螺纹钢筋取 157N/mm^2 以下。
2）钢筋的容许抗压强度可取（c）栏的容许抗拉强度。
3）当采用表 3.2 以外的钢筋时，必须根据试验结果，在技术负责人的指导下确定容许应力。

容许应力放大系数

当考虑温度变化、干燥收缩、地震作用、偶然荷载等的影响时，考虑到这些特殊荷载的发生概率，可将容许应力乘以表 3.1、表 3.2 中所示的放大系数。

① 考虑温度变化和干燥收缩时 ……………… 不大于 1.15 倍
② 考虑地震作用时 ……………… 不大于 1.5 倍
③ 同时考虑温度变化、干燥收缩和地震作用时 ……………… 不大于 1.65 倍
④ 考虑临时荷载或极少发生的荷载时 ……………… 不大于 σ'_{ca} 的 2 倍
不大于 τ_a 的 1.65 倍

例题 1　钢筋的容许应力

请填空完成以下句子。

① 一般认为钢筋混凝土构件破坏的主要原因是钢筋屈服。因此应在考虑一定安全系数的基础上,由钢筋的（　）确定钢筋的容许应力。

② 确定钢筋容许抗拉强度时，除了考虑钢筋强度外，还应考虑构件的（　）、反复荷载引起的（　）因素的影响。

③ 容许应力的放大系数，是考虑了特殊荷载（温度变化、干燥收缩、地震作用、临时荷载）的（　）后确定的。

答案：① 屈服点，②耐久性、疲劳，③荷载概率

例题 2　容许应力放大系数

进行某钢筋混凝土护壁设计。已知混凝土强度标准值 f'_{ck}=24N/mm^2，钢筋为 SR235。求正常使用时和考虑地震作用时的混凝土容许压弯强度 σ'_{ca} 和钢筋容许抗拉强度 σ_{sa}。

（解） 正常使用状态时的容许应力：

混凝土，查表 3.1 得：σ'_{ca}=9N/mm^2

钢筋，查表 3.2 得：σ_{sa}=137N/mm^2

考虑地震作用时的容许强度为正常使用时的 1.5 倍。因此得：

$\sigma'_{ca}=9\times1.5=13.5\text{N/mm}^2$

$\sigma_{sa}=137\times1.5=205.5\text{N/mm}^2$

3 轻柔的强度

钢筋混凝土梁

来探究一下钢筋混凝土梁的内部

图 3.3 表示矩形截面钢筋混凝土梁的内部情况。可以看出梁的内部设有各种形状、不同直径的钢筋。这些钢筋根据作用不同有不同的名称。

梁受弯矩和剪力的作用。为了保证结构在外力作用下的安全性，应合理设计截面形状和截面尺寸，确定钢筋直径、根数和布置方式等。

下面介绍容许应力法的基本设计原则。

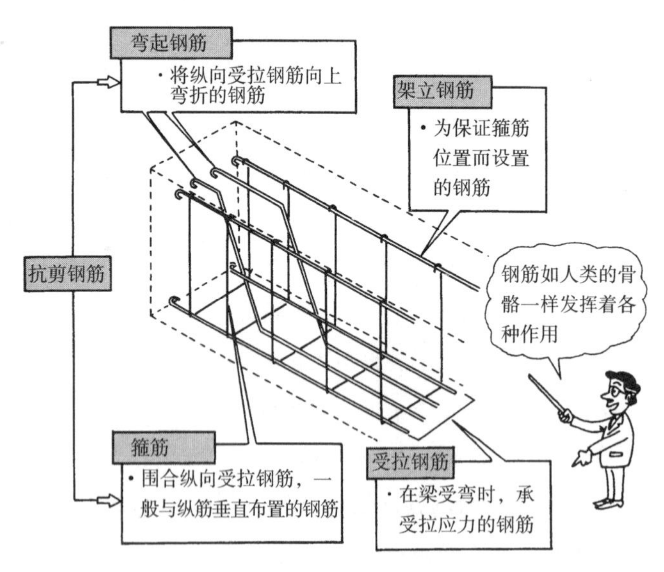

图 3.3　钢筋混凝土梁的内部

钢筋混凝土梁的截面形式

钢筋混凝土梁中，主要截面形式有矩形截面和 T 形截面。根据钢筋的布置形式，如图 3.4 中所示，各种截面又可分为只在受拉区布置纵向受拉钢筋 A_s 的单筋梁，以及除受拉区外在受压区也布有纵向受压钢筋 A'_s 的双筋梁。

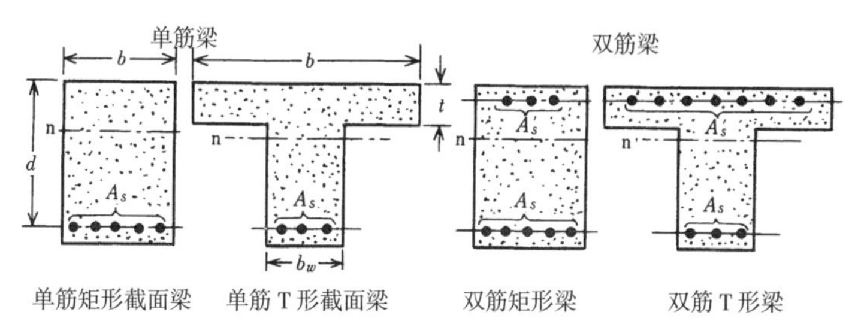

图 3.4 钢筋混凝土梁截面

计算中的 3 个假定

钢筋混凝土梁在外荷载作用下，因为产生弯矩和剪力而发生变形。容许应力设计方法中，假定梁为**弹性体**，按照弹性理论计算截面产生的内应力，设计时该值应小于容许应力。用弹性理论计算梁的内应力时，应满足图 3.5 中的 3 个假定条件。

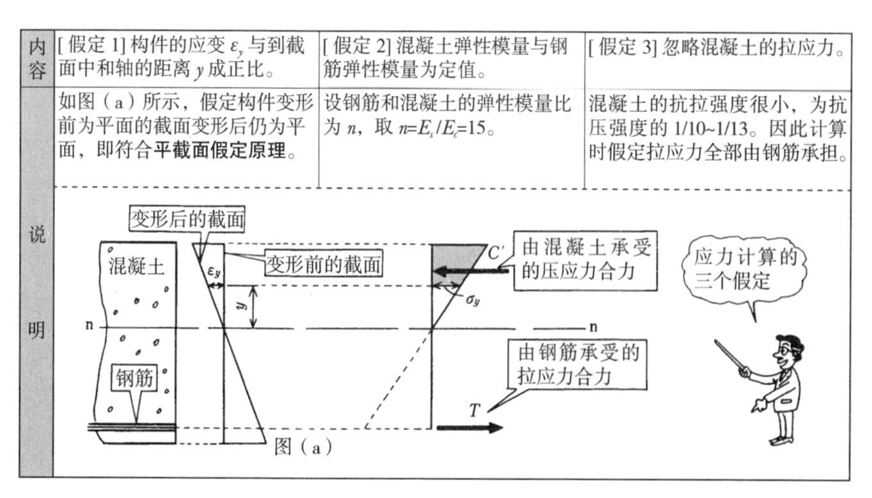

内容	[假定 1] 构件的应变 ε_y 与到截面中和轴的距离 y 成正比。	[假定 2] 混凝土弹性模量与钢筋弹性模量为定值。	[假定 3] 忽略混凝土的拉应力。
说明	如图（a）所示，假定构件变形前为平面的截面变形后仍为平面，即符合**平截面假定原理**。	设钢筋和混凝土的弹性模量比为 n，取 $n=E_s/E_c=15$。	混凝土的抗拉强度很小，为抗压强度的 1/10~1/13。因此计算时假定拉应力全部由钢筋承担。

图 3.5 钢筋混凝土梁计算假定

4 中和轴计算

应力正负转换区

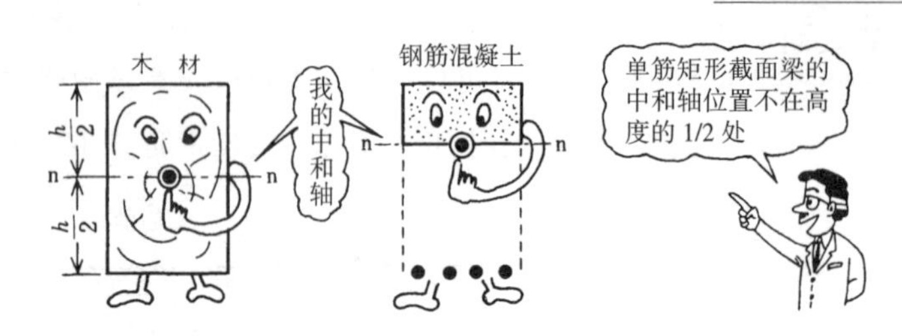

单筋矩形截面梁的中和轴

单筋矩形截面梁在弯矩作用下，梁内会产生弯应力。木材和钢材为匀质材料，所以矩形梁的中和轴穿过梁的中心位于梁高度的 1/2 处。而对于钢筋混凝土梁，由于在受拉区只考虑钢筋的作用，忽略混凝土的作用，中和轴的位置不在梁高度的 1/2 位置处。

单筋矩形截面梁的中和轴位置是在上述“计算中的 3 个假定条件”下通过计算得出的。计算流程和计算公式见图 3.6。

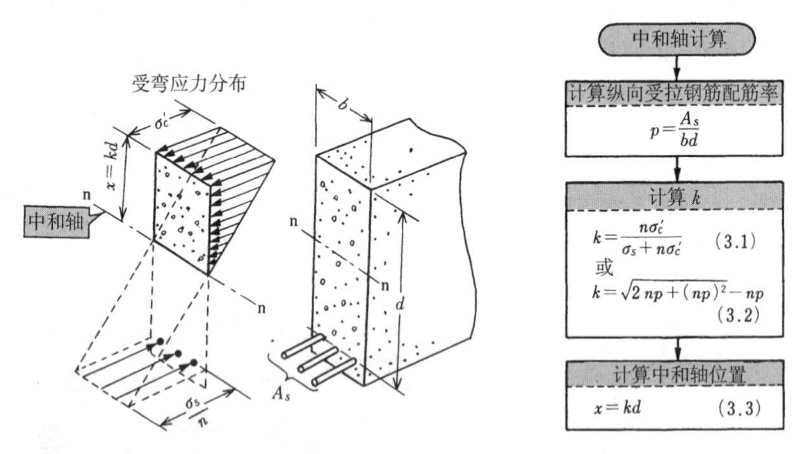

图 3.6 单筋矩形截面梁中和轴的计算方法

单筋 T 形截面梁的中和轴

单筋 T 形截面梁中和轴的计算流程和计算公式见图 3.7。

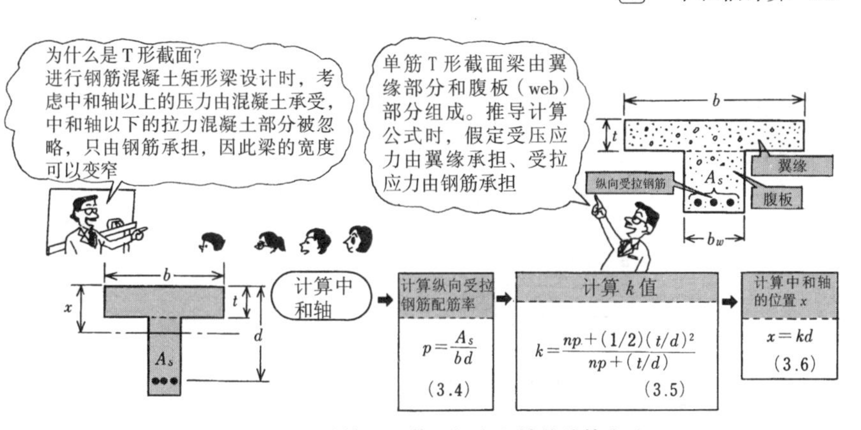

图 3.7 单筋 T 形截面梁中和轴的计算方法

例题 3 计算单筋矩形截面梁的中和轴位置

计算图 3.8 中所示矩形梁的中和轴位置。

（解） A_s=3097mm^2（由附表 3 查得）

$$\therefore \quad p=\frac{A_s}{bd}=\frac{3097}{480\times800}=0.0081$$

$$k=\sqrt{2np+(np)^2}-np$$

$$=\sqrt{2\times15\times0.0081+(15\times0.0081)^2}-15\times0.0081$$

$$=0.386$$

$$\therefore \quad x=kd=0.386\times800=309\text{ mm}$$

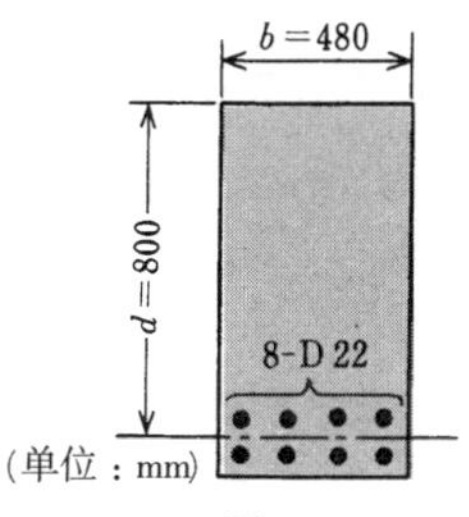

图 3.8

例题 4 计算单筋 T 形截面梁的中和轴位置

计算图 3.9 中所示 T 形梁的中和轴位置。

（解） A_s=7942mm^2（由附表 3 查得）

$$\therefore \quad p=\frac{A_s}{bd}=\frac{7942}{1200\times1000}=0.0066$$

$$t/d=200/1000=0.2$$

$$k=\frac{np+(1/2)(t/d)^2}{np+t/d}$$

$$=\frac{15\times0.0066+(1/2)\times0.2^2}{15\times0.0066+0.2}=0.398$$

$$\therefore \quad x=kd=0.398\times1000=398\text{ mm}$$

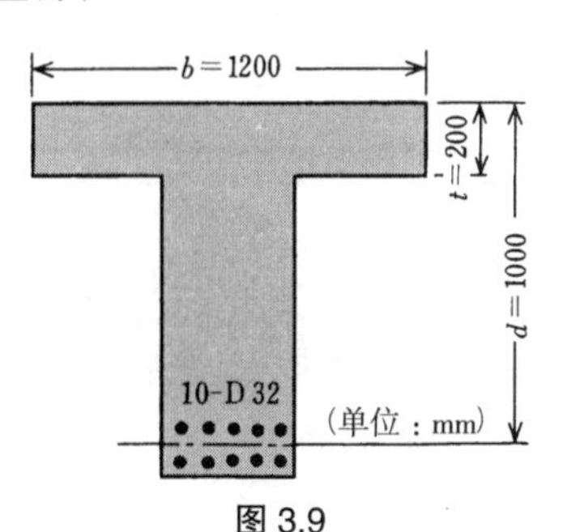

图 3.9

5 两个主角的演技

应力计算

钢筋与混凝土的应力 σ_s、σ'_c

下面计算单筋矩形截面梁中两大主角，钢筋和混凝土在弯矩作用下产生的应力 σ_s、σ'_c。

已知钢筋的几何尺寸 b、d、A_s 和弯矩 M，求 σ_s 和 σ'_c。按照图 3.10 中的矩形梁的应力分布，推导 σ_s 和 σ'_c 的计算公式，推导过程如下。

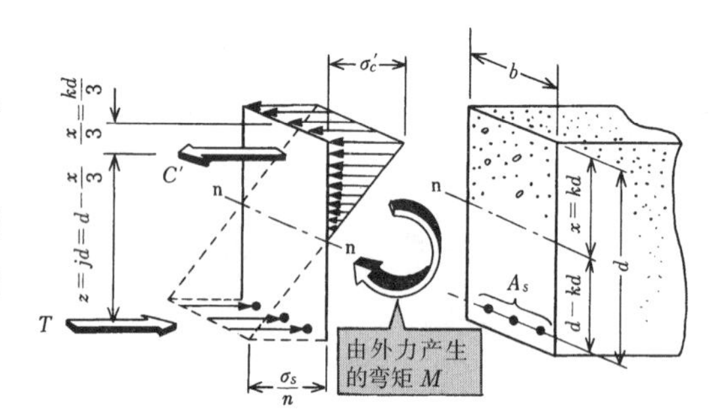

图 3.10 应力计算示意图

［计算原理］　　［公式展开］

应力计算

混凝土受压区合力 C' 的作用点为三角形应力分布的形心，在距截面上边缘 $x/3=kd/3$ 处。

→ 设 $z=jd$

$$z=jd=d-\frac{kd}{3}=d\left(1-\frac{k}{3}\right)$$

$$\therefore \quad j=1-\frac{k}{3} \tag{3.7}$$

该截面上，由外力产生的弯矩 M 与受压区合力 C' 和钢筋合力 T 处于平衡状态。
由平衡条件 $\sum H=0$ 可知，钢筋合力 T 和受压区合力 C'，力的方向平行，大小相同，为一对偶力。由该偶力产生的弯矩可表示为：T_z 或 C'_z

因为 $\sum M=0$，所以 $M=T_z=C'_z$
式中
① 由 $M=T_z$ 得：$M=T_z=\sigma_s A_s jd$
因为 $p=A_s/bd$，将其转换为 $A_s=pbd$
并代入上式得：$M=\sigma_s pbjd^2$

$$\therefore \quad \sigma_s=\frac{M}{A_s jd}=\frac{M}{pbjd^2} \tag{3.8}$$

该偶力弯矩与弯矩 M 相等。即满足以下的平衡条件公式。

$\Sigma M=0$

由此，右侧公式成立

② $M=C'z$，$M=(1/2)\sigma'_c kbjd^2$

$$\therefore \quad \sigma'_c=\frac{2M}{kbjd^2} \qquad (3.9)$$

附表 4 中列出了与 p 值对应的 k 值和 j 值。

例题 5　计算单筋矩形截面梁的应力

单筋矩形截面梁的梁宽 b=460mm、梁高 d=400mm，钢筋 6 根 ϕ16。当作用弯矩为 M=48kN·m 时，求 σ'_c 和 σ_s。

（解）查附表 3 得：A_s= 1192mm²，$p=\dfrac{A_s}{bd}=\dfrac{1192}{460\times400}=0.0065$

查附表 4 得：$k=0.355$，$j=0.882$

由公式（3.8）得：$\sigma_s=\dfrac{M}{A_sjd}=\dfrac{48000000}{1192\times0.882\times400}=114.1\ \text{N/mm}^2$

由公式（3.9）得：$\sigma'_c=\dfrac{2M}{kbjd^2}=\dfrac{2\times48000000}{0.355\times460\times0.882\times400^2}=4.17\ \text{N/mm}^2$

例题 6　计算单筋矩形截面梁的应力

已知单筋矩形截面梁，跨度 l=4.4m，有效高度 d=220mm，宽 b=1000mm，钢筋 8 根 ϕ16。在 w=18kN/m 的均布荷载（包括自重）作用下，验算该截面是否安全？已知容许应力 σ'_{ca}=6N/mm^2，σ_{sa}=180N/mm^2。

（解）验算构件是否安全，需要计算梁最大弯矩处截面的 σ'_c 和 σ_s，并满足条件式 $\sigma'_c\leqslant\sigma'_{ca}$ 和 $\sigma_s\leqslant\sigma_{sa}$。

最大弯矩：$M=\dfrac{wl^2}{8}=\dfrac{18\times4.4^2}{8}=43.56\ \text{kN·m}=4.356\times10^7\ \text{N·mm}$

查附表 3 得：$A_s=1589\ \text{mm}^2$，$p=\dfrac{A_s}{bd}=\dfrac{1589}{1000\times220}=0.0072$

查附表 4 得：$k=0.369$，$j=0.877$

由公式（3.8）得：$\sigma_s=\dfrac{M}{A_sjd}=\dfrac{4.356\times10^7}{1589\times0.877\times220}=142.1\ \text{N/mm}^2$

由公式（3.9）得：$\sigma'_c=\dfrac{2M}{kbjd^2}=\dfrac{2\times4.356\times10^7}{0.369\times1000\times0.877\times220^2}=5.6\ \text{N/mm}$

经比较，$\sigma'_c<\sigma'_{ca}$，$\sigma_s<\sigma_{sa}$。由此判断该截面安全。

6 截面形状虽然为T形，但计算时应认清其本来面目

单筋T形截面梁的应力

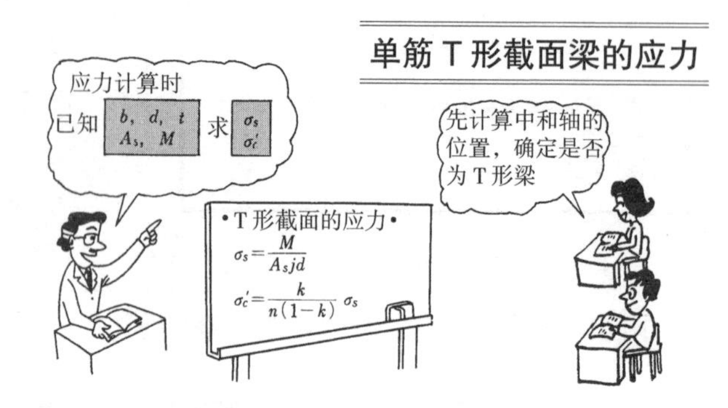

是否为T形梁，由中和轴的位置判断

梁的截面形状虽然为T形，但如图3.11（a）中所示，当承担压力的混凝土区域为矩形，也就是说中和轴位于翼缘内时，计算时可以将其考虑成梁宽为翼缘宽度b的矩形截面。如图3.11（b）中所示，当中和轴位于腹板区域内，承担压力的混凝土区为T形时，应按照T形截面计算。因此进行T形截面的应力计算时，应先计算中和轴的位置，判断混凝土受压区是矩形截面还是T形截面。

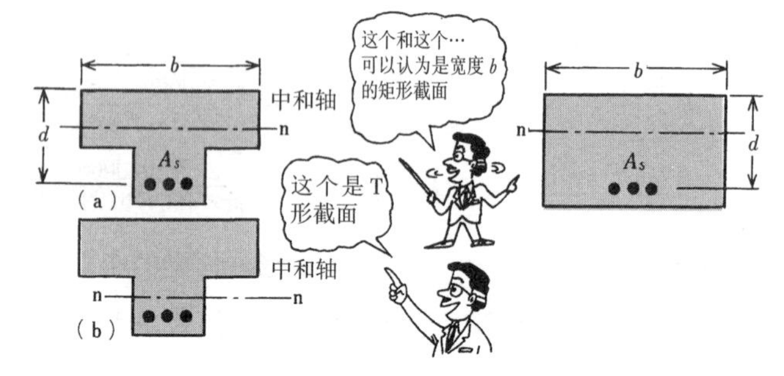

图3.11 T形截面的判断

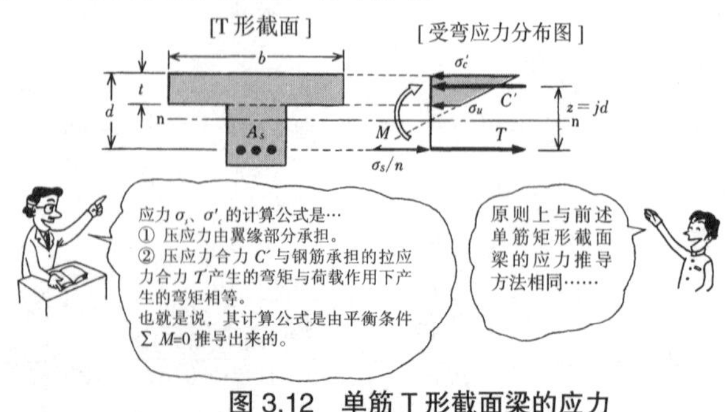

图3.12 单筋T形截面梁的应力

计算T形梁的应力 σ_s 和 σ'_c

已知几何截面尺寸 d、b、t、A_s 和作用于截面的弯矩 M，计算 σ_s、σ'_c。按照图 3.12 中所示原则计算 σ_s、σ'_c。其计算公式的推导过程见图 3.13。

例题 7　计算单筋T形截面梁的应力

图 3.14 中所示截面的单筋T形截面梁，当受 M=48kNm 的弯矩作用时，求 σ'_c 和 σ_s。

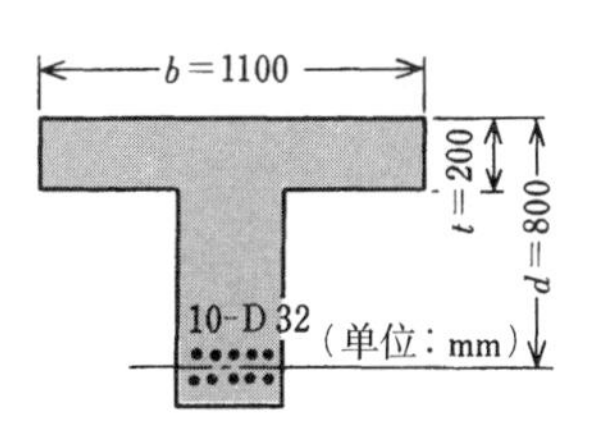

图 3.14

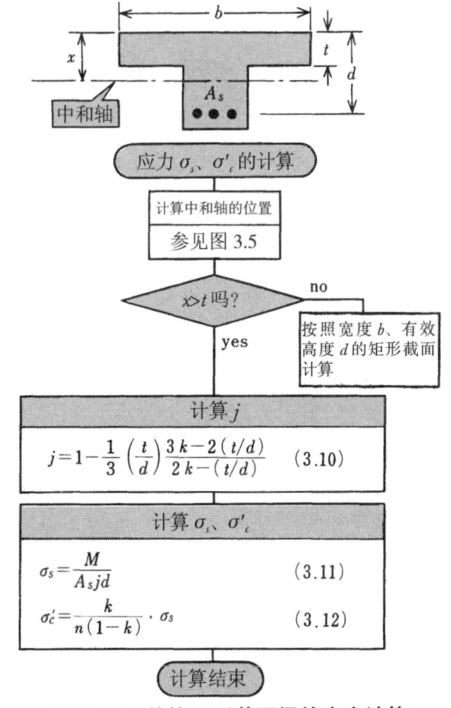

图 3.13　单筋T形截面梁的应力计算

(**解**) 查附表 3 得：A_s=7942mm^2

$$p=\frac{A_s}{bd}=\frac{7942}{1100\times800}=0.0090$$

由公式（3.5）得：

$$k=\frac{np+(1/2)(t/d)^2}{np+(t/d)}$$

$$=\frac{15\times0.0090+(1/2)(200/800)^2}{15\times0.0090+(200/800)}=0.432$$

$$\therefore\quad x=kd=0.432\times800=346\ \text{mm}>t\ (=200\ \text{mm})$$

因此，中和轴在腹板区域，按T形梁计算。

由公式（3.10）得：

$$j=1-\frac{1}{3}\left(\frac{t}{d}\right)\frac{3k-2(t/d)}{2k-(t/d)}=1-\frac{1}{3}\times\frac{200}{800}\times\frac{3\times0.432-2\times(200/800)}{2\times0.432-(200/800)}=0.892$$

由公式（3.11），（3.12）得：

$$\sigma_s=\frac{M}{A_sjd}=\frac{700000000}{7942\times0.892\times800}=123.6\ \text{N/mm}^2$$

$$\sigma'_c=\frac{k}{n(1-k)}\ \sigma_s=\frac{0.432}{15\times(1-0.432)}\times123.6=6.3\ \text{N/mm}^2$$

7 计算梁截面受弯承载力

受弯承载力计算

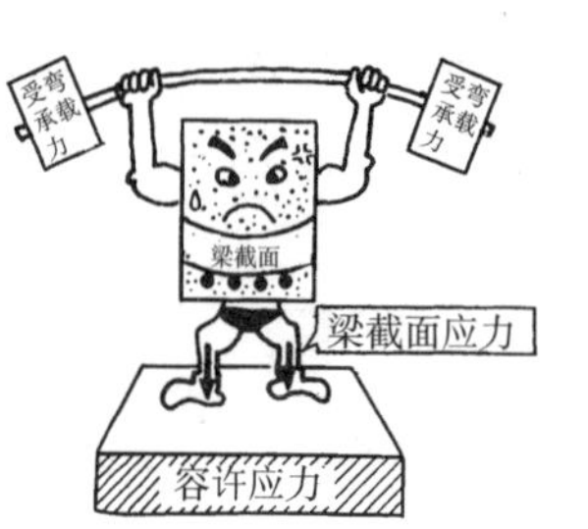

受弯承载力（抵抗弯矩）

知道梁截面后，可以计算出梁截面能够抵抗弯矩的最大值。此时的弯矩称为梁的**受弯承载力**，用 M_r 表示。单筋矩形截面梁的截面受弯承载力按以下方法计算。

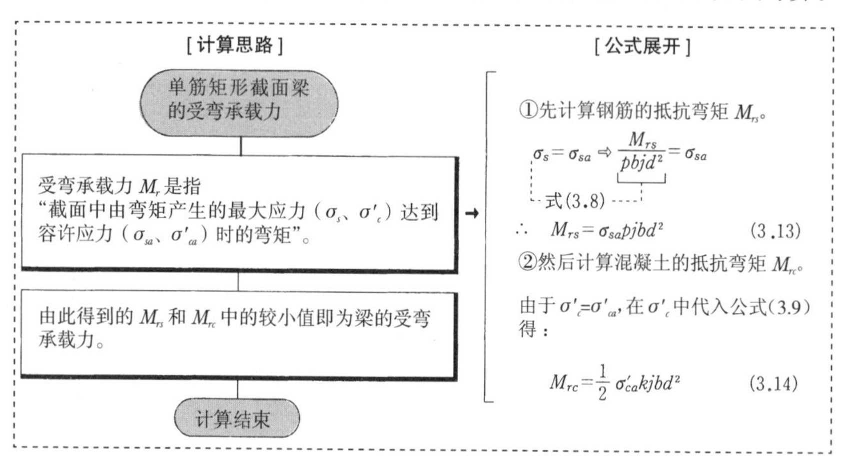

单筋T形截面梁的受弯承载力按照同样方法计算。计算过程如下所示。

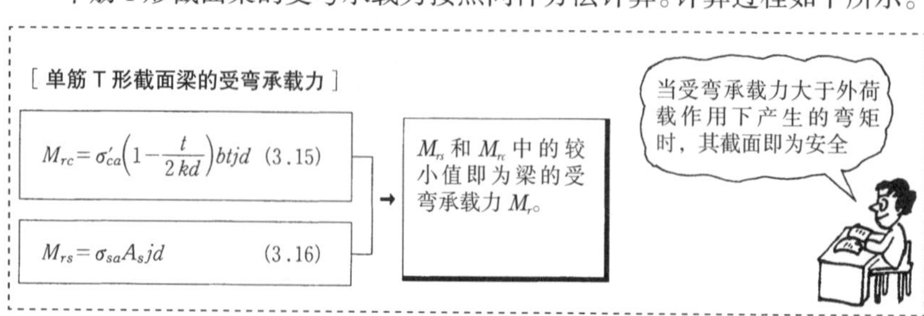

例题 8　计算单筋矩形截面梁的受弯承载力

单筋矩形截面梁截面如图 3.15 所示，计算截面受弯承载力。已知，σ'_{ca}=7N/mm^2，σ_{sa}=180N/ mm^2。

b=400　d=620　5-D 22

（单位：mm）

图 3.15

（解） 查附表 3 得：A_s=1936mm^2

$$p=\frac{A_s}{bd}=\frac{1936}{400\times620}=0.0078$$

由公式（3.2）得：

$$k=\sqrt{2np+(np)^2}-np$$

$$=\sqrt{2\times15\times0.0078+(15\times0.0078)^2}-15\times0.0078=0.381$$

由公式（3.7）得：

$$j=1-k/3=1-0.381/3=0.873$$

由公式（3.13）得：

$$M_{rs}=\sigma_{sa}pjbd^2=180\times0.0078\times0.873\times400\times620^2=1.884\times10^8\ \text{N·mm}=188.4\ \text{kN·m}$$

由公式（3.14）得：

$$M_{rc}=\frac{1}{2}\sigma'_{ca}kjbd^2=\frac{1}{2}\times7\times0.381\times0.873\times400\times620^2=1.790\times10^8\ \text{N·mm}=179.0\ \text{kN·m}$$

由于 $M_{rs}>M_{rc}$，因此，$M_r=M_{rc}$=179.0kN · m

例题 9　计算单筋 T 形截面梁的受弯承载力

单筋 T 形截面梁截面如图 3.14 所示，计算截面受弯承载力。已知，σ'_{ca}=7N/mm^2，σ_{sa}=180 N/ mm^2。

（解） 根据例题 7 的结果，A_s=7 942 mm^2，k=0.432，j=0.892

由公式（3.15）得：

$$M_{rc}=\sigma'_{ca}\left(1-\frac{t}{2kd}\right)btjd$$

$$=7\times\left(1-\frac{200}{2\times0.432\times800}\right)\times1100\times200\times0.892\times800$$

$$=7.809\times10^8\ \text{N·mm}=780.9\ \text{kN·m}$$

由公式（3.16）得：

$$M_{rs}=\sigma_{sa}A_sjd=180\times7942\times0.892\times800=1.020\times10^9\ \text{N·mm}=1020.1\ \text{kN·m}$$

经比较，$M_{rs}>M_{rc}$。因此 $M_r=M_{rc}$=780.9kN · m

例题 10　单筋 T 形截面梁的安全性验算

例题 9 的 T 形梁，当由荷载作用产生的弯矩 M=800kN·m 时，该截面是否安全？

（解） 经比较，M（=800kN · m）> M_r（=780.9kN · m）。由此判断该截面不安全。

8 计算截面有效高度 d 和钢筋面积 A_s

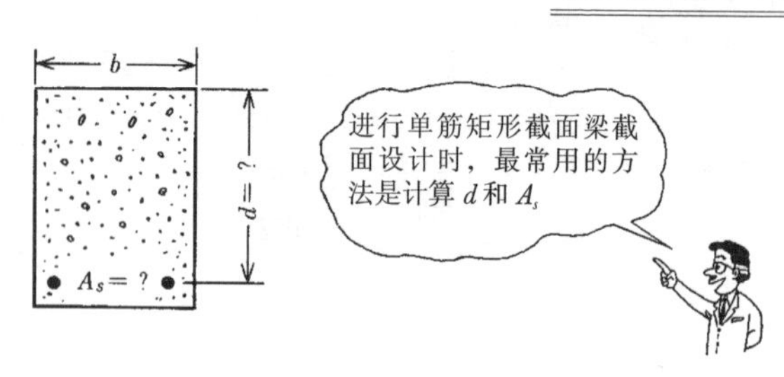

单筋矩形截面梁截面设计

截面设计时首先应该明确已知条件和计算内容。

已知条件			计算内容	
梁的宽度	: b	→	截面有效高度	: d
混凝土及钢筋的容许应力	: σ_{sa}、σ'_{ca}		钢筋面积	: A_s
弯矩	: M			

计算截面有效高度 d

首先推导单筋矩形截面梁截面有效高度 d 的计算公式。

[计算思路]

单筋矩形截面梁截面有效高度 d 的计算

当混凝土的应力 σ'_c 与混凝土的容许应力 σ'_{ca} 相等时可得到最经济的截面。因此用条件公式 $\sigma'_c=\sigma'_{ca}$ 进行推导。

计算结束

[公式展开]

将公式（3.9）的 σ'_c 代入 $\sigma'_c=\sigma'_{ca}$ 中，

$$\sigma'_{ca}=\frac{2M}{kbjd^2}=\frac{1}{(k/2)(1-k/3)}\cdot\frac{M}{bd^2}$$

$$\therefore\quad d=\sqrt{\frac{2}{k(1-k/3)\sigma'_{ca}}}\sqrt{\frac{M}{b}}=C_1\sqrt{\frac{M}{b}} \qquad (3.17)$$

计算钢筋面积 A_s

计算钢筋面积 A_s 时，与计算截面有效高度时的计算思路相同。公式推导过程如下：

[计算思路]

单筋矩形截面梁钢筋面积 A_s 的计算

当钢筋的应力 σ_s 与钢筋的容许应力 σ_{sa} 相等时可得到最经济的截面。因此用条件公式 $\sigma_s=\sigma_{sa}$ 进行推导。

计算结束

[公式展开]

将公式（3.8）的 σ_s 代入 $\sigma_s=\sigma_{sa}$ 中，

$$\sigma_{sa}=\frac{M}{A_sjd}$$

$$\therefore\quad A_s=\frac{M}{\sigma_{sa}jd}=\frac{M}{\sigma_{sa}(1-k/3)d} \qquad (3.18)$$

将公式 3.1 的 k 和公式 3.17 的 d 代入上式得：

$$A_s=\frac{\sigma'_{ca}}{2\sigma_{sa}}\sqrt{\frac{6n}{2n\sigma'_{ca}+3\sigma_{sa}}}\sqrt{bM}=C_2\sqrt{bM} \qquad (3.19)$$

钢筋面积 A_s 的近似公式

一般情况下，j 值在 7/8~8/9 范围内变化，波动很小。因此将该值代入公式（3.18）中，可得到计算 A_s 的近似公式，如下所示。

$$A_s = \frac{M}{\sigma_{sa}(7/8 \sim 8/9)\,d} \tag{3.20}$$

系数 C_1、C_2 表

d 及 A_s 计算公式中的系数 C_1、C_2，是由容许应力 σ_{sa}、σ'_{ca} 决定的。其对应关系见附表 5。

例题 11　计算单筋矩形截面梁的截面有效高度 d 和钢筋面积 A_s

在梁宽 b=400mm 的单筋矩形截面梁上，作用弯矩 M=54kN·m 时，求矩形梁的截面有效高度 d 和钢筋面积 A_s。此外当采用 ϕ16 的钢筋时，钢筋应如何布置？已知，混凝土强度标准值 f'_{ck}=24N/mm^2，钢筋的容许抗拉强度 σ_{sa}=176N/mm^2。

（解）查表 3.1 得：σ'_{ca}=9N/mm^2，查附表 5 得：C_1=0.774、C_2=0.00859

由公式（3.17）得：$d = C_1\sqrt{M/b} = 0.774\sqrt{54000000/400} = 284\ \text{mm}$

因此取 d=290mm。由公式（3.19）得：

$A_s = C_2\sqrt{bM} = 0.00859\sqrt{400 \times 54000000} = 1263\ \text{mm}^2$

查附表 3 得：需要 ϕ16 的钢筋 7 根（A_s=1390mm^2）

由以上结果设计的钢筋混凝土截面如图 3.16 所示。

最后，用公式（3.8）、（3.9）计算 σ_s、σ'_c，并验算截面安全性（省略）。

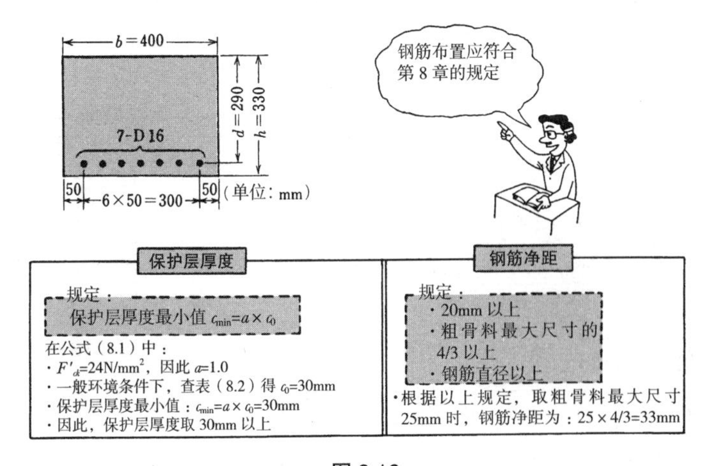

图 3.16

9 截面计算(2)

计算T形截面有效高度 d 和钢筋面积 A_s

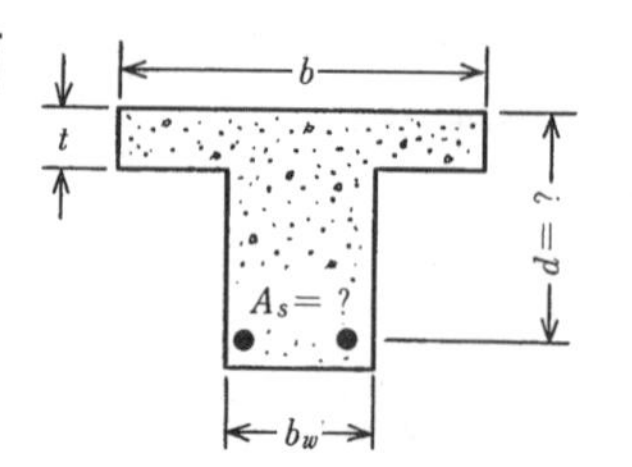

单筋T形截面梁的截面设计

截面设计时首先应该明确已知条件和计算内容。

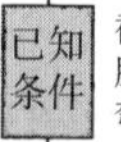

已知条件		计算内容
截面的有效宽度：b	翼缘厚度：t	截面有效高度：d
腹板宽度：b_w	容许应力：σ_{sa}、σ'_{ca}	钢筋面积：A_s
弯矩：M		

计算截面有效高度 d 和钢筋面积 A_s

单筋T形截面梁的截面有效高度 d 和钢筋面积 A_s 的计算公式推导方法与单筋矩形截面梁相同。公式的推导过程省略，计算流程见图3.17。

例题12　计算单筋T形截面梁的截面有效高度 d 和钢筋面积 A_s

如图3.18所示T形截面梁，作用弯矩为 M=420kNm时，设计该截面。已知 σ'_{ca}=8N/mm^2、σ_{sa}=157N/mm^2。

（解）由公式（3.21）得：

$$k=\frac{n\sigma'_{ca}}{n\sigma'_{ca}+\sigma_{sa}}=\frac{15\times8}{15\times8+157}=0.433$$

由公式（3.22）得：

$$D=\frac{M}{2\sigma'_{ca}bt}+\frac{t}{4}\left(1+\frac{1}{k}\right)$$

$$=\frac{420000000}{2\times8\times1600\times180}+\frac{180}{4}\left(1+\frac{1}{0.433}\right)$$

$$=240\text{ mm}$$

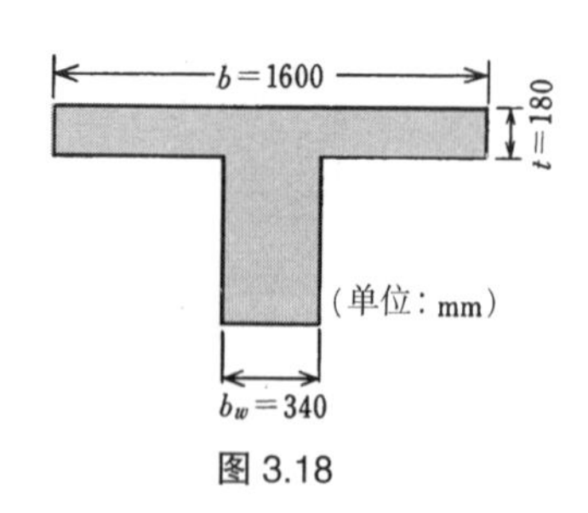

图3.18

由公式（3.23）得：

$$d=D+\sqrt{D^2-\frac{t^2}{3k}}=240+\sqrt{240^2-\frac{180^2}{3\times0.433}}=421\text{ mm}$$

$$x=kd=0.433\times421=182\text{ mm}>t\ (=180\text{ mm})$$

因此，可按照 T 形截面计算。用公式（3.25）计算钢筋面积 A_s，得：

$$A_s=\frac{\sigma'_{ca}bt}{\sigma_{sa}}\left(1-\frac{t}{2\,kd}\right)$$

$$=\frac{8\times1600\times180}{157}\times\left(1-\frac{180}{2\times0.433\times421}\right)=7430\ \text{mm}^2$$

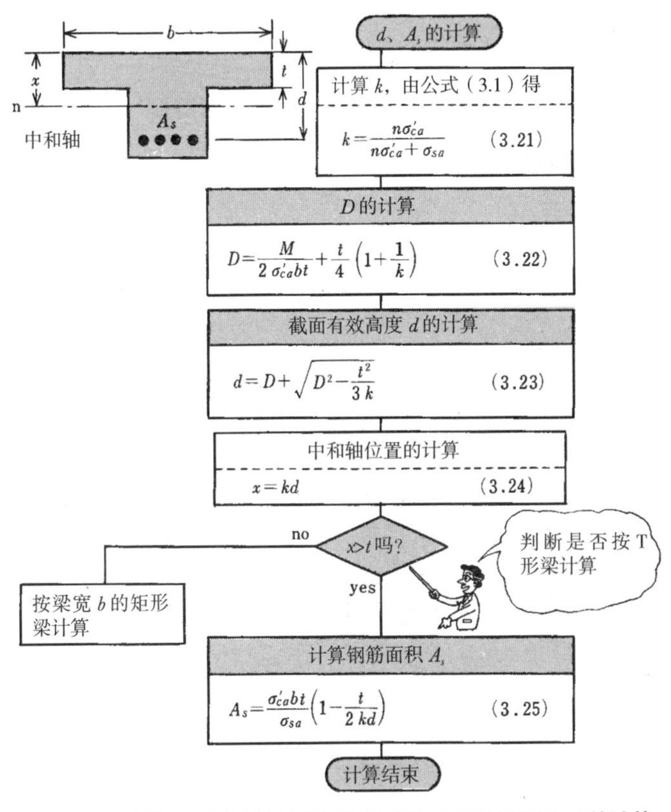

图 3.17 单筋 T 形截面梁的截面有效高度 d 与钢筋面积 A_s 的计算

10 受弯构件截面设计方法 －整理－

截面计算(3)

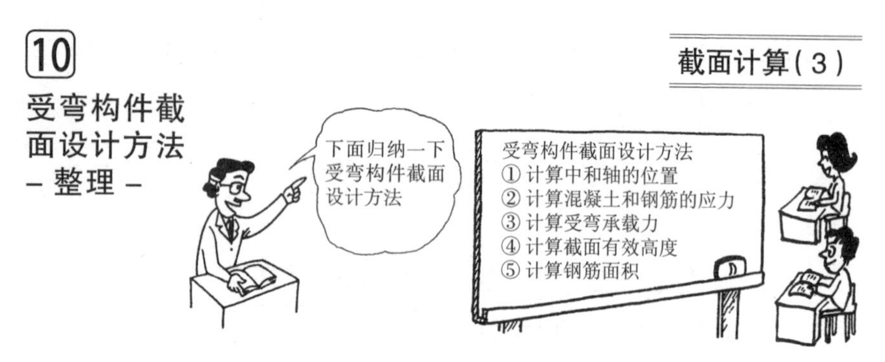

单筋矩形截面梁的计算公式

前面讲述了单筋矩形截面梁受弯矩作用时，中和轴的位置、混凝土和钢筋的应力、受弯承载力，以及截面设计中截面有效高度和钢筋面积的计算方法。对以上各计算公式进行汇总，其结果见图 3.19。

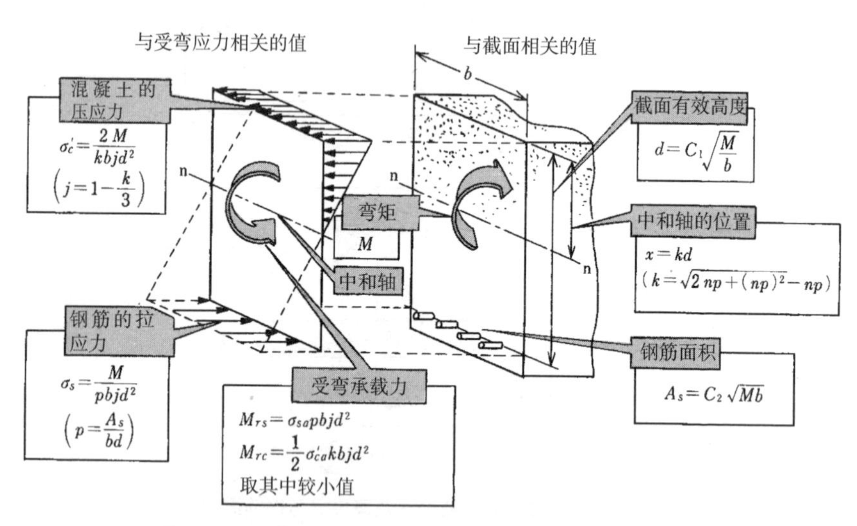

图 3.19 单筋矩形截面梁在弯矩作用下的设计计算公式汇总

单筋 T 形截面梁的计算公式

同样，对 T 形截面计算公式的汇总整理结果见图 3.20。

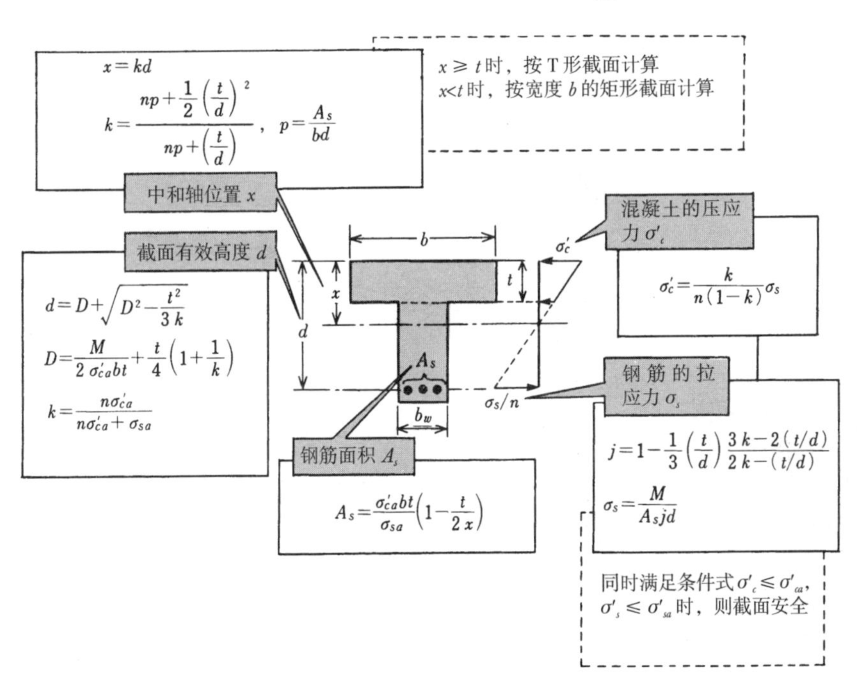

图 3.20 单筋 T 形截面梁在弯矩作用下的设计计算公式汇总

11 由剪力产生的应力

剪应力计算

剪应力和粘结应力

即使在钢筋混凝土梁中布置的受拉钢筋足以抵抗弯矩，但因为剪力发生破坏，或由于钢筋与混凝土之间的粘结力不足发生滑移破坏等原因造成梁破坏的事故也很多。因此进行钢筋混凝土梁设计时，必须计算剪应力和粘结应力。

单筋矩形截面梁的剪应力

在此首先推导剪应力 τ 的计算公式。

如图 3.21（b）中所示，沿梁的长度方向，微小间距 dl 的两侧，截取 A–A 截面和 A′–A′ 截面。通过考虑作用在两截面上的力的平衡，推导出剪应力 τ 的计算公式。

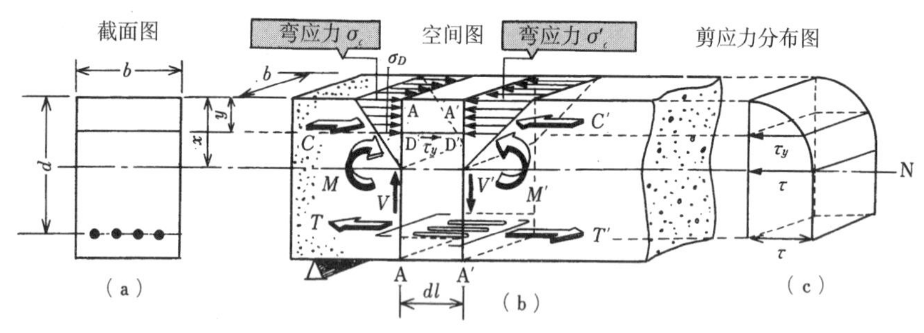

图 3.21 单筋矩形截面梁剪应力示意图

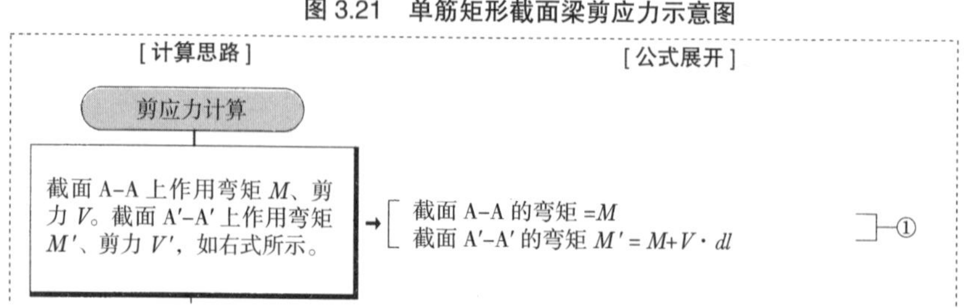

在距梁上边缘 y 位置处截取水平截面 D–D′，设作用于 AD、A′D′ 上的压应力的总和（水平力）为 C 和 C'，则其大小如右式所示。

→ C= 作用于 AD 面上的弯应力的合力 = 1/2（$\sigma_C+\sigma_D$）yb

$$=\frac{1}{2}\left[\sigma_C+\frac{\sigma_C(x-y)}{x}\right]yb=\frac{\sigma_C}{2x}(2x-y)yb \quad ——②$$

$$C'=\frac{1}{2}(\sigma_C'+\sigma_D')yb=\frac{\sigma_C'}{2x}(2x-y)yb \quad ——③$$

D–D′ 面上产生的水平剪应力的合力为 $\tau_y\cdot dl\cdot b$。
如图 3.22 中所示，考虑 D–D′ 面外侧的矩形部分的水平力的平衡条件。

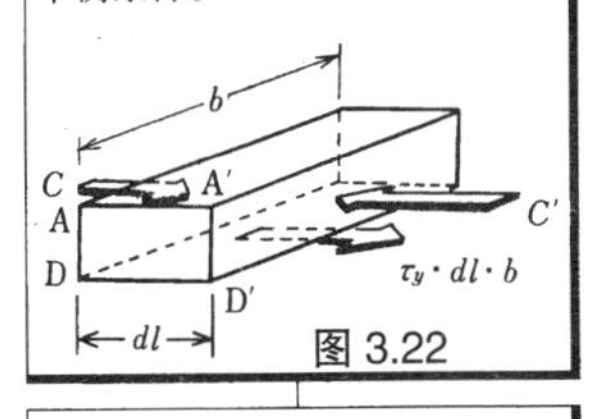

图 3.22

→ $\sum H=C-C'+\tau_y\cdot dl\cdot b=0$

将公式②、③代入上式中的 C′ 和 C 中。

$$\tau_y\cdot dl\cdot b=C'-C=\frac{(2x-y)yb}{2x}(\sigma_c'-\sigma_c) \quad ——④$$

σ_c 和 σ_c' 由公式（3.9）得：

$$\sigma_c=\frac{2M}{kjbd^2},\quad \sigma_c'=\frac{2M'}{kjbd^2}=\frac{2(M+Vdl)}{kjbd^2}$$

将上式代入④中解 τ_y，得到下式。

$$\tau_y=\frac{V}{bjd}\left(\frac{2}{kd}y-\frac{1}{k^2d^2}y^2\right) \quad ——⑤$$

公式⑤表示距梁上边缘 y 面上产生的剪应力。即剪应力的一般公式。
这里由公式⑤验算剪应力的分布形状和大小。

→（1） 由于 τ_y 是 y 的二次方程式，所以从梁的上边缘到中和轴之间的剪应力分布形状为抛物线。

（2） 此外剪应力的计算公式如下所示：

$y=0$ 时，$\tau=0$

$y=kd$（中和轴）时，$\tau=\gamma/bjd$

由于中和轴下方的受弯应力可以忽略不计，所以剪应力与中和轴上方的应力相同。

即设计上的最大剪应力发生在中和轴的上方，其大小为：

$$\tau=\frac{V}{bjd} \quad (3.26)$$

由以上结果得到的剪应力分布如图 3.21（c）所示。

计算结束

（注）作用于 A–A 面上的受弯应力 σ_c 和作用于 A–D 面上的受弯应力的合力 C 都是压应力，应在应力后添加上标“,”，但为了方便，在本表中予以省略。

例题 13 计算单筋矩形截面梁剪应力 τ

截面 b=400mm，d=650mm，钢筋 6 根 ϕ25 的单筋矩形截面梁，受 V = 150kN 的剪力作用时，求剪应力。

（解） 查附表 3 得：A_s=3040mm^2，$p=\frac{A_s}{bd}=\frac{3040}{400\times650}=0.0117$

查附表 4 得：k=0.442、j=0.852

由公式（3.26）得 $\tau=\frac{V}{bjd}=\frac{150000}{400\times0.852\times650}=0.68\ \text{N/mm}^2$

12 为了使钢筋不发生滑移或拔出

粘结应力计算

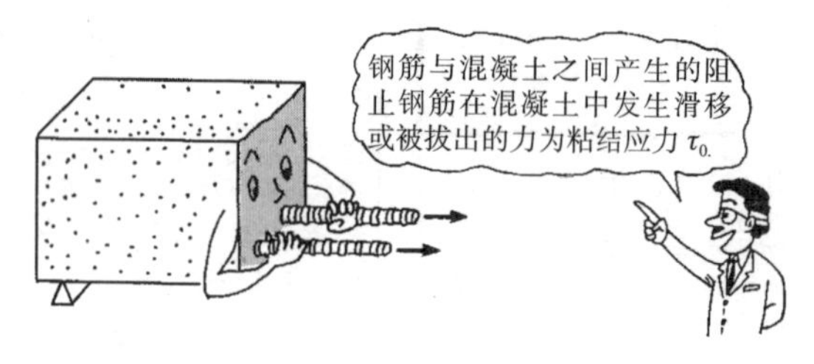

单筋矩形截面梁的粘结应力

钢筋混凝土梁受剪力作用时，在混凝土中产生水平剪力。在这种水平剪力作用下，钢筋有在混凝土中发生滑移或被拔出的趋势。为了抵抗这种滑移拔出，在钢筋与混凝土接触面上产生的应力即为**粘结应力**。由于粘结应力的存在，钢筋在混凝土中不会发生滑移或被拔出、并与混凝土形成整体共同抵抗外力。下面推导粘结应力的计算公式。

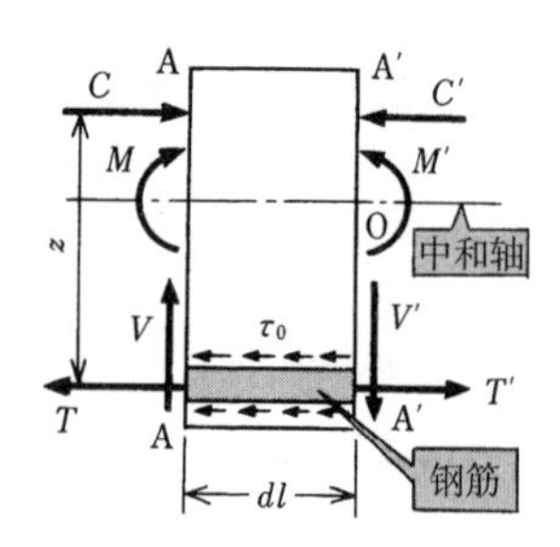

图 3.23

[计算思路]

粘结应力的计算

图 3.23 所示是从图 3.21（b）中截取的微小距离 dl。假设作用于微小区域 dl 两端截面的拉力分别为 T、T'，其拉力差与作用于钢筋周围的总粘结应力相平衡。由此得到右式。

此外，由图 3.10 中可知，$M=Tz$，所以 $T=M/z$。将该式代入公式①，并与公式②组合后，可得到 τ_0 的计算公式。

计算结束

[公式展开]

假设钢筋周长的总和为 u，则：

$$u\cdot\tau_0\cdot dl=T'-T \quad ——①$$

在图 3.23 中所示微小距离的两端截面分别作用弯矩 M、M'，和剪力 V、V'，由于处于力的平衡状态，对于 O 点，$\Sigma M=0$。因此：

$$M-M'+V\cdot dl=0$$

$$\therefore\ M'-M=V\cdot dl \quad ——②$$

公式①的右边：

$$T'-T=\frac{1}{z}(M'-M)=\frac{1}{z}V\cdot dl$$

将上式带入公式①，得：

$$u\tau_0 dl=\frac{1}{z}V\cdot dl$$

$$\therefore\ \tau_0=\frac{V}{uz}=\frac{V}{ujd} \quad (3.27)$$

例题 14 计算单筋矩形截面梁的 τ 和 τ_0

单筋矩形截面梁的截面 b=420mm，d=660mm，钢筋 6 根 ϕ25。当受 $V=160$kN 的剪力作用时，求剪应力 τ 和粘结应力 τ_0。已知，混凝土强度标准值 f'_{ck}=24N/mm²，验算其是否安全。

（解）容许应力 查表 3.1 得：

容许剪应力 τ_{a1}=0.45N/mm²

容许粘结应力 τ_{0a}=1.6N/mm²

剪应力和粘结应力的计算

查附表 3 得 A_s=3040mm²，周长 u=480mm，

$$p=\frac{A_s}{bd}=\frac{3\,040}{420\times660}=0.0110$$

查附表 4 得：j=0.856

利用公式（3.26）得：

$$\tau=\frac{V}{bjd}=\frac{160\,000}{420\times0.856\times660}=0.67\ \text{N/mm}^2>\tau_{a1}(=0.45\ \text{N/mm}^2)$$

因此，经对剪应力验算，截面不安全。

利用公式（3.27）得：

$$\tau_0=\frac{V}{ujd}=\frac{160\,000}{480\times0.856\times660}=0.59\ \text{N/mm}^2<\tau_{0a}(=1.6\ \text{N/mm}^2)$$

因此，经对粘结应力验算，截面安全。

13

剪应力、粘结应力的计算

T形截面的剪应力和粘结应力

单筋T形截面梁的剪应力

正如前文所述，进行单筋T形截面梁计算时，中和轴在翼缘内和在腹板内时，其计算方法是不同的。

中和轴在T形梁翼缘内时（$x<t$）	按照梁宽b的矩形截面计算，配筋率为$p=A/bd$。计算τ时，公式（3.26）中的b用b_w代替。	$\tau=\dfrac{V}{b_w jd}$ （3.28）
中和轴在T形梁腹板内时（$x \geqslant t$）	按照T形截面计算。此时，右式中的j值采用单筋T形截面梁的数值。	$\tau=\dfrac{V}{b_w jd}$ （3.29）

单筋T形截面梁的粘结应力

单筋T形截面梁的粘结应力的计算公式如下所示，与矩形梁的计算公式相同。

当然，当中和轴在腹板内时（$x \geqslant t$），应按照单筋T形截面计算。

$$\tau_0=\frac{V}{ujd} \tag{3.30}$$

当用弯起钢筋和箍筋负担全部剪力时，按下式（3.31）计算。

$$\tau_0=\frac{V}{2\,ujd} \tag{3.31}$$

例题15 计算单筋T形截面梁的τ和τ_0

图3.24中所示单筋T形截面梁，当受$V=250\text{kN}$的剪力作用时，求剪应力τ和粘结应力τ_0。已知，混凝土强度标准值$f'_{ck}=24\text{N/mm}^2$，验算其是否安全。

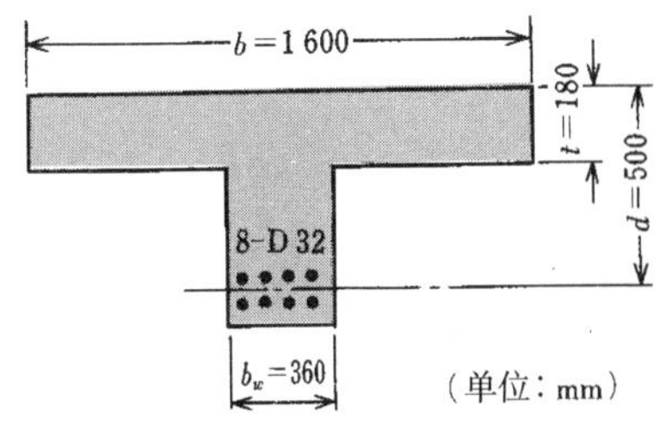

图 3.24

（解）首先计算中和轴的位置 x，判断是否可以按照 T 形梁计算。

$$p=\frac{A_s}{bd}=\frac{6354}{1600\times500}=0.00794$$

由公式（3.5）得：

$$k=\frac{np+(1/2)(t/d)^2}{np+(t/d)}$$

$$=\frac{15\times0.00794+(1/2)\times(180/500)^2}{15\times0.00794+(180/500)}=0.384$$

$$\therefore\quad x=kd=0.384\times500=192\ \text{mm}>t\ (=180\ \text{mm})$$

因此中和轴在腹板内，应按照 T 形梁计算。

由公式（3.10）得：

$$j=1-\frac{1}{3}\left(\frac{t}{d}\right)\frac{3k-2(t/d)}{2k-(t/d)}$$

$$=1-\frac{1}{3}\times\frac{180}{500}\times\frac{3\times0.384-2\times(180/500)}{2\times0.384-(180/500)}=0.873$$

剪应力的计算　由公式（3.29）得：

$$\tau=\frac{V}{b_wjd}=\frac{250000}{360\times0.873\times500}=1.59\ \text{N/mm}^2$$

粘结应力的计算　查附表 3 得 u=800mm

由公式（3.30）得：

$$\tau_0=\frac{V}{ujd}=\frac{250000}{800\times0.873\times500}=0.72\ \text{N/mm}^2$$

安全性验算　查表 3.1 可知，梁的容许剪应力 τ_{a1}=0.45N/mm^2，梁的容许粘结应力 τ_{0a}=1.6N/mm^2。与上述计算结果进行比较。

$$\tau(=1.59\ \text{N/mm}^2)>\tau_{a1}(=0.45\ \text{N/mm}^2)$$

经判断，不安全。必须用斜向抗拉钢筋进行补强。

$$\tau_0(=0.72\ \text{N/mm}^2)<\tau_{0a}(=1.6\ \text{N/mm}^2)$$

经判断，对于粘结应力是安全的。

14 在梁中加肋骨架

抗剪钢筋

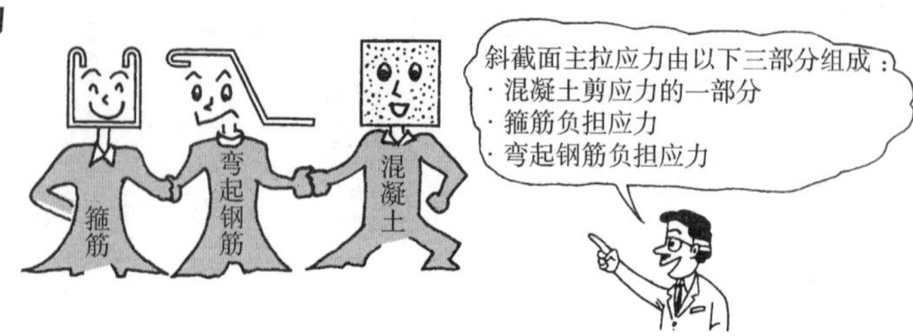

斜截面主拉应力

对仅布置了受拉钢筋的矩形梁进行加载试验，可以看到在支点附近产生了斜向裂缝，如图 3.25 所示。这是因为在弯应力和剪应力的组合作用下，沿着图中所示斜线方向产生了拉应力，这种应力被称为**斜截面主拉应力**。

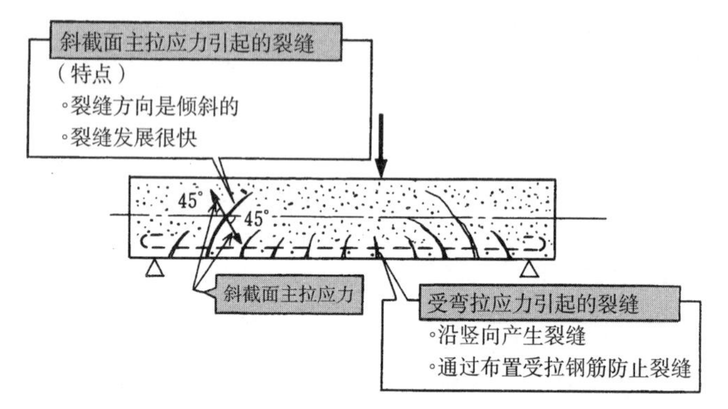

图 3.25　无抗剪钢筋的钢筋混凝土梁的破坏

为什么设抗剪钢筋?

考虑到混凝土不能抵抗拉力，所以对斜截面主拉应力必须通过布置钢筋的方法对混凝土进行补强，此时的钢筋称为**斜截面受拉钢筋**或**箍筋**（见图 3.3）。

抗剪钢筋的种类

如图 3.26 中所示抗剪钢筋的种类有**箍筋**和**弯起钢筋**。在梁中，经常同时采用箍筋和弯起钢筋。

什么场合设置抗剪钢筋?

那么在什么场合设置抗剪钢筋呢？如前面所述，抗剪钢筋的作用是为了抵抗斜截面主拉应力。所以在这里首先讲解一下斜截面主拉应力的性质。

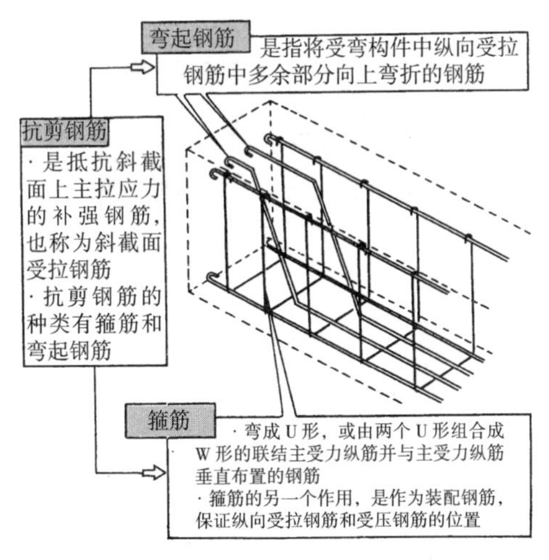

图 3.26　抗剪钢筋的种类

斜截面主拉应力的性质

① 斜截面主拉应力在梁的支点附近最大，越接近跨中越小。
② 斜截面主拉应力的方向，在中和轴以上的任意截面都与水平方向成 45° 角，在受拉边缘，支座附近与水平方向成 45° 角，越靠近跨中越接近水平方向。
③ 可认为各截面的最大斜截面主拉应力与各中和轴上的剪应力 τ 相等。

判断设计时是否需要设置抗剪钢筋的方法如下所示。

① 当上述③中的斜截面主拉应力（剪应力 τ）大于表 3.1 中的容许剪应力 τ_{a1}，且小于 τ_{a2}，即 $\tau_{a1} < \tau \leqslant \tau_{a2}$ 时，应设置抗剪钢筋。
② 当 $\tau \leqslant \tau_{a1}$ 时，虽然计算上不需要抗剪钢筋，但是从安全角度考虑应在梁中按照适当间距设置抗剪钢筋。
③ 当 $\tau > \tau_{a2}$ 时，即使布置抗剪钢筋也无法抵抗斜截面拉力，因此应增加构件截面，使能满足条件公式 $\tau \leqslant \tau_{a2}$。

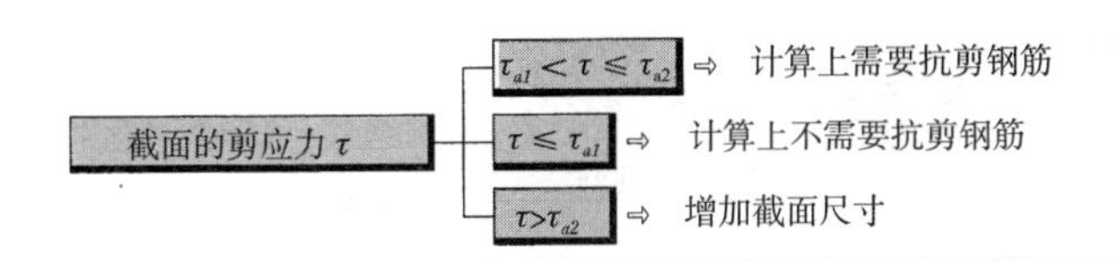

15 在什么位置布置抗剪钢筋

抗剪钢筋的计算方法（1）

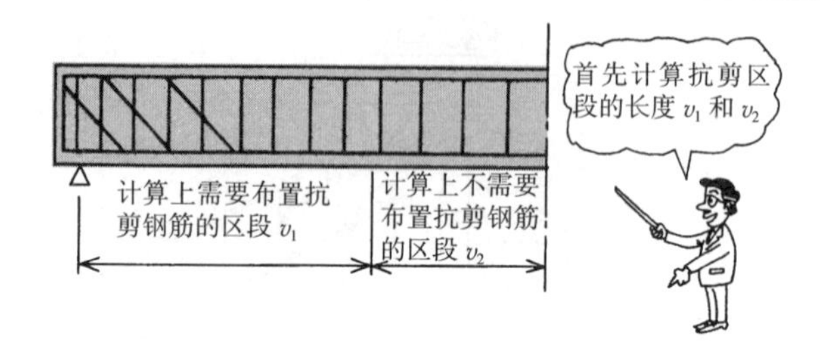

梁某一区段斜截面主拉应力用该区段剪应力图的面积表示，由此布置抗剪钢筋可利用剪应力图。下面对这种方法进行讲解。首先计算抗剪钢筋时，应分为①只布置箍筋区段，②既布置箍筋又布置弯起钢筋区段。下面用具体例题进行说明。

例题 16　抗剪钢筋布置区段

单筋T形截面梁如图3.27中所示，求抗剪钢筋的布置区段。

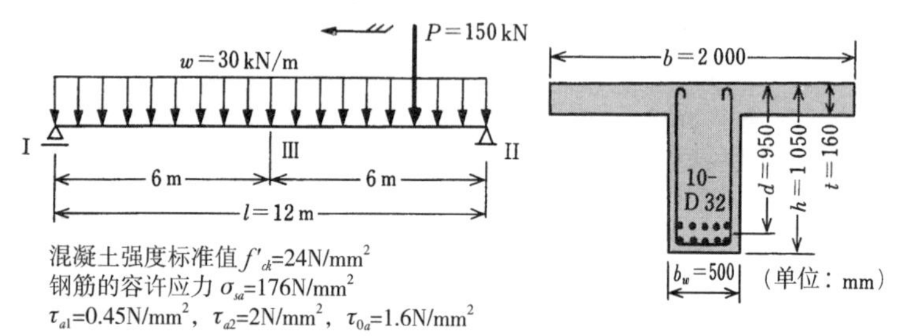

图 3.27

（解） **剪应力图** 首先绘制用于计算抗剪钢筋的剪应力图。一般是用永久荷载作用和可变荷载作用产生的最大剪力绘制。为了简化并基于安全考虑，通常是用直线将支座的剪应力和跨中的剪应力连接后得到的图形作为剪应力图。图3.27中所示T形梁，按以下方法计算。

剪应力的计算：

最大剪应力 τ_{max} 发生在支座，计算支座剪力 V_1。

$$V_1=P+\frac{wl}{2}=150000+\frac{30000\times12}{2}=330000\ \text{N}$$

$$\tau_{max}=\tau_{I}=\frac{V_{I}}{b_{w}jd}=\frac{330000}{500\times0.925\times950}=0.75\ \text{N/mm}^2$$

式中，j=0.925（计算省略）
最小剪应力 τmin 发生在梁的跨中，计算跨中剪力 V_2

$$V_{III}=P/2=150000/2=75000\ \text{N}$$

$$\tau_{min}=\tau_{III}=\frac{V_{III}}{b_{w}jd}=\frac{75000}{500\times0.925\times950}=0.17\ \text{N/mm}^2$$

剪应力图：以上求得的 τ_{I} 和 τ_{III} 用直线连接的结果见图 3.28。

计算上是否需要抗剪钢筋? 首先判断是否需要抗剪钢筋。

例题中，τ_{a1}（=0.45N/mm²）<τ_{max}（=0.75N/mm²）<τ_{a2}（=2.0N/mm²），所以必须通过计算确定抗剪钢筋数量并进行配筋。

抗剪钢筋布置区段 v_1 可通过计算剪应力超过 τ_{a1} 的区段 x，并将其结果与有效高度相加，即可得到抗剪钢筋布置区段 v_1。

参考图 3.28，通过比例关系求 x。则：

$$x=\frac{l(\tau_{I}-\tau_{a1})}{2(\tau_{I}-\tau_{III})} \qquad (3.32)$$

x 与 d 相加得到 v_1 值。

$$v_1=x+d \qquad (3.33)$$

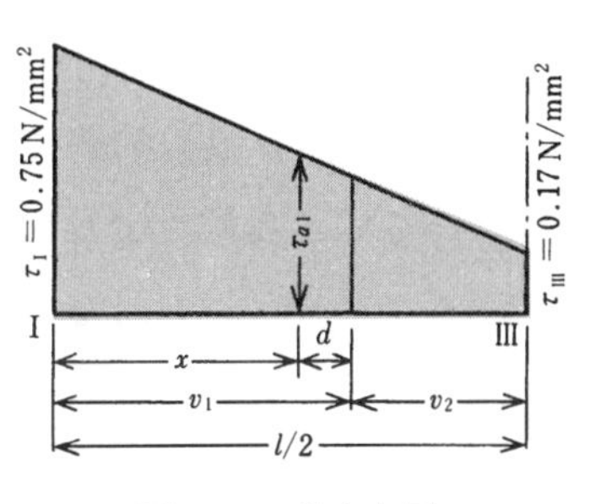

图 3.28　剪应力图

计算上不需要抗剪钢筋的区段 v_2 当 $\tau\leqslant\tau_{a1}$ 时，计算上不需要抗剪钢筋，该区段 v_2 的长度为（$l/2-v_1$）。

图 3.28 的结果整理如下：

$$x=\frac{l(\tau_{I}-\tau_{a1})}{2(\tau_{I}-\tau_{III})}=\frac{12000(0.75-0.45)}{2(0.75-0.17)}=3103\ \text{mm}$$

$$v_1=x+d=3103+950=4053\ \text{mm}$$

$$v_2=l/2-v_1=12000/2-4053=1947\ \text{mm}$$

16 箍筋布置方法

抗剪钢筋的计算方法（2）

各类抗剪钢筋的分担量

在上述求得的剪应力图中，应先决定箍筋的负担量和弯起钢筋的负担量，然后计算抗剪钢筋的根数和弯起钢筋的弯折位置。

如图3.29中所示，梁中产生的剪应力 τ 由三部分承担，混凝土部分负担的剪应力 τ_c（$=\tau_{a1}/2$）、箍筋部分负担的剪应力 τ_v 及弯起钢筋部分负担的剪应力 τ_b。此时对于梁上的任意截面，以下公式都应能成立。

$$\tau \leqslant \tau_c + \tau_v + \tau_b \qquad (3.34)$$

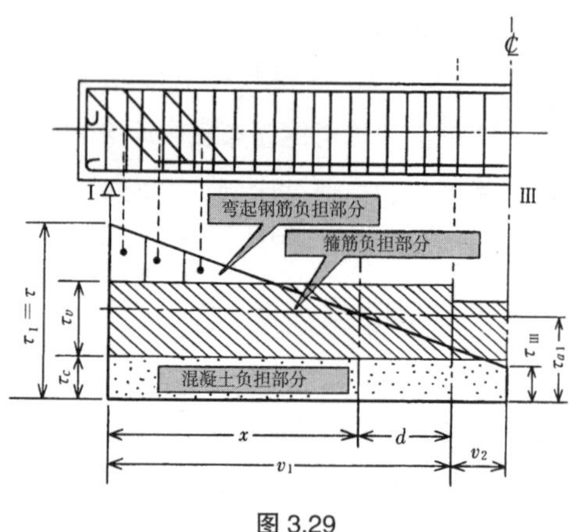

图 3.29

箍筋负担的剪应力

箍筋负担的剪应力 τ_v 按下式计算。

$$\tau_v = \frac{\sigma_{sa} a}{s b_w} \qquad (3.35)$$

式中 σ_{sa}：箍筋的容许抗拉强度

a：一组箍筋的面积（图3.30）

s：箍筋间距

b_w：截面腹板宽度（矩形截面时采用 b 值）

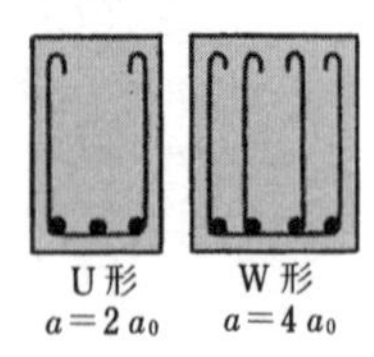

a_0：单肢箍筋的面积

图 3.30

箍筋布置

箍筋布置应注意以下事项。

箍筋布置时的注意事项：

① 沿梁全长布置的箍筋应不小于腹板宽度乘以箍筋间距所得面积的 0.15%。

$$a_{w\min}/(b_w s)=0.0015 \tag{3.36}$$

式中 $a_{w\min}$：最小箍筋面积；

b_w：腹板宽度；

s：箍筋间距。

② 箍筋间距布置原则：计算上需要设置箍筋的区段内（v_1 区段），其间距应不大于梁截面有效高度 d 的 1/2 且不大于 300mm；计算上不需要设置箍筋的区段内（v_2 区段），应不大于梁截面有效高度 d 的 3/4 且不大于 400mm。

例题 17 箍筋的计算

对例题 16 计算的 T 形截面梁的 v_1 区段和 v_2 区段进行箍筋设计。

（解） ① **v_1 区段箍筋布置**：假设箍筋间距 s=300mm，由公式（3.26）得：

$$a_{w\min}=0.0015\times b_w s=0.0015\times 500\times 300=225\ \text{mm}^2$$

因此，取 ϕ13 的 U 形箍（a=253mm^2），按箍筋间距 300mm 布置。

由于是 T 形截面，将 b=b_w 代入箍筋剪应力的计算公式（3.35）中，得：

$$\tau_v=\frac{\sigma_{sa}a}{sb_w}=\frac{176\times 253}{300\times 500}=0.30\ \text{N/mm}^2$$

② **v_2 区段的箍筋布置**：该区段的箍筋也采用间距 300mm ϕ13 的 U 形箍。

③ **箍筋配筋布置**见图 3.31。

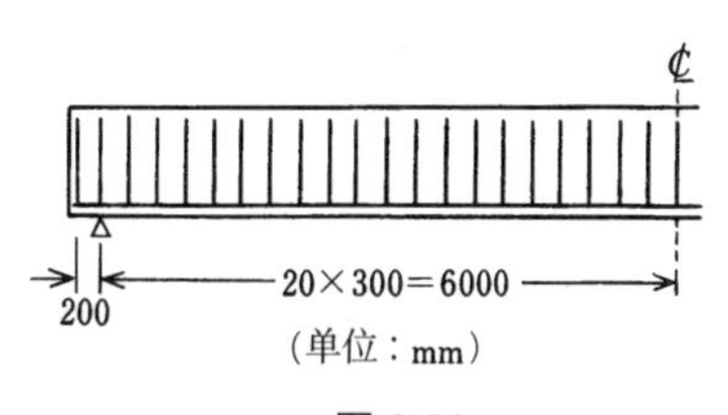

图 3.31

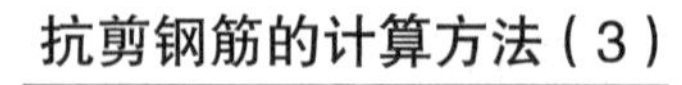

弯起钢筋的布置方法

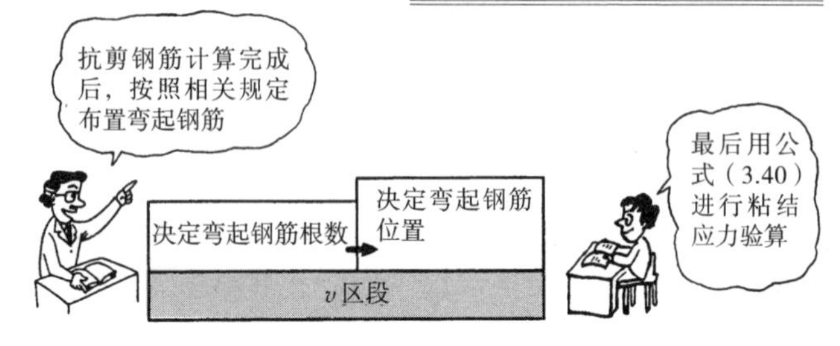

弯起钢筋根数

将部分纵向受拉钢筋弯起用于抵抗剪力的钢筋即为弯起钢筋。弯起钢筋的计算是指，确定需要将几根纵向钢筋弯折及其弯折位置。图3.32（b）中所示剪应力图中，需要布置弯起钢筋的区段 v 按下式计算。

$$v=\frac{l(\tau_{\rm I}-\tau_c-\tau_v)}{2(\tau_{\rm I}-\tau_{\rm III})} \tag{3.37}$$

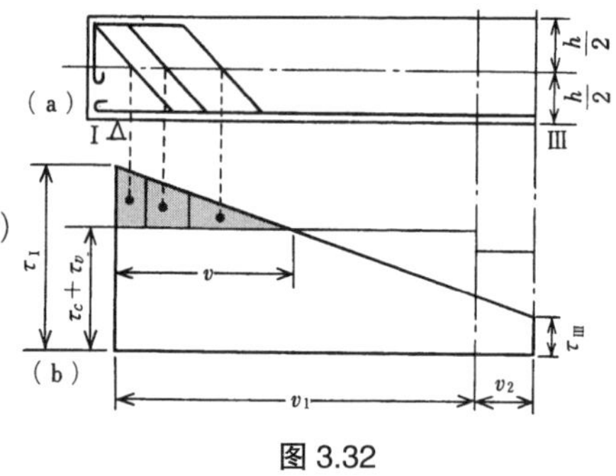

图 3.32

此外弯起钢筋所受剪力 V_b 等于剪应力图的面积乘以梁截面的腹板宽度 b_w。计算公式如下：

$$V_b=\frac{(\tau_{\rm I}-\tau_c-\tau_v)vb_w}{2} \tag{3.38}$$

需要弯起钢筋的总面积用下式表示。

$$A_b=\frac{V_b\cos 45^\circ}{\sigma_{sa}} \tag{3.39}$$

由 A_b 可计算出弯起钢筋的根数。

关于弯起钢筋根数的相关规定

应按照以下规定，对前面计算结果进行调整，确定最终弯起钢筋的需要根数。

① 锚固在支座内的不弯折钢筋数量不少于纵向受拉钢筋总量的1/3。

② 为了保证粘结应力，当同时采用弯起钢筋和箍筋抗剪时，锚固钢筋的周长总和应满足以下公式。

$$u\geqslant\frac{V}{2\tau_{0a}jd}\quad（这里 V=V_{\rm I}） \tag{3.40}$$

弯起钢筋的弯折位置

用上述方法确定弯起钢筋的根数后，还应按以下流程确定钢筋的弯折位置。具体做法如下：

① 用图 3.33 中所示作图法，对弯起钢筋负担的剪应力图的面积按钢筋根数进行分配。
② 从划分的各面积的形心到梁高度的中心线画垂直线，如图 3.32 中所示，使弯起钢筋通过其交点，并与水平线成 45° 夹角。

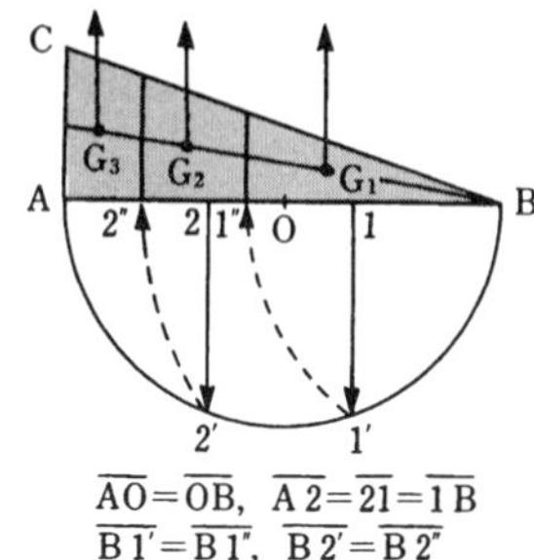

图 3.33 面积划分

例题 18 设计弯起钢筋

接例题 17，计算弯起钢筋的面积。

（解） 由公式（3.37）得：

$$v=\frac{l(\tau_{\rm I}-\tau_c-\tau_v)}{2(\tau_{\rm I}-\tau_{\rm III})}=\frac{12000(0.75-0.225-0.30)}{2(0.75-0.17)}=2328\ \text{mm}$$

由公式（3.38）求弯起钢筋负担的剪力 V_b。

$$V_b=\frac{(\tau_{\rm I}-\tau_c-\tau_v)vb_w}{2}=\frac{(0.75-0.225-0.30)\times2328\times500}{2}=130950\ \text{N}$$

由公式（3.39）求弯起钢筋的面积 A_b。

$$A_b=\frac{V_b\cos45^\circ}{\sigma_{sa}}=\frac{130950\times\cos45^\circ}{176}=527\ \text{mm}^2$$

纵向受力钢筋直径为 32mm，共 10 根。经计算，需要弯起钢筋 1 根（A_b=794.2mm²）。设计采用将其中 4 根弯折作为弯起钢筋使用。

另外用公式（3.40），计算锚固于支座里的抗拉钢筋的最小周长。

$$u\geq\frac{V_{\rm I}}{2\tau_{0a}jd}=\frac{330000}{2\times1.6\times0.925\times950}=117.4\ \text{mm}$$

锚固于支座里的抗拉钢筋直径 32mm，共 6 根，其周长 u=600mm>117.4mm，满足要求。由以上结果绘制的弯起钢筋布置图见图 3.34。

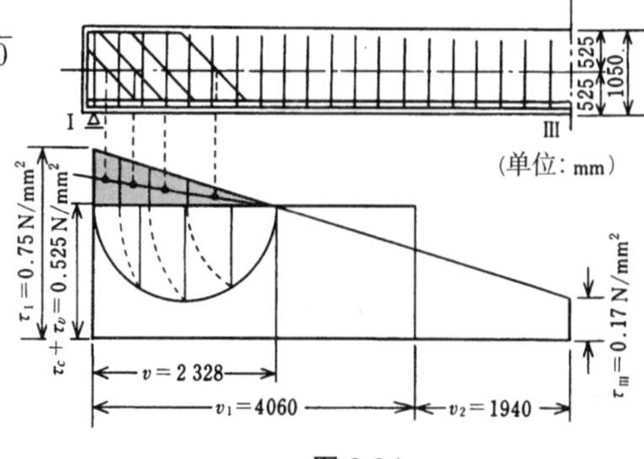

图 3.34

18 抗弯安全吗？

抗剪钢筋的计算方法（4）

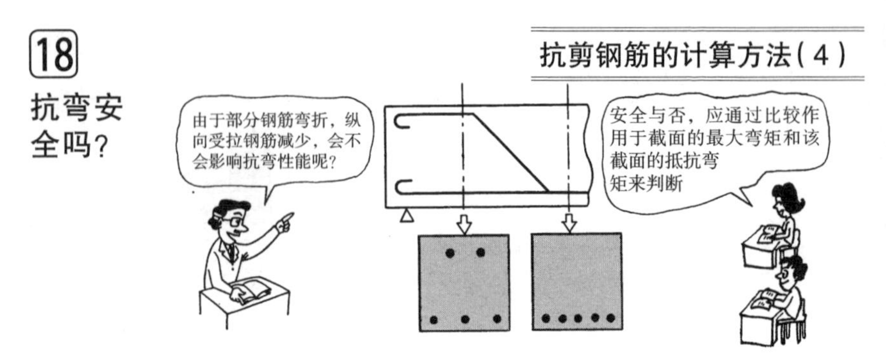

计算弯折点的抵抗弯矩

由于部分钢筋弯折，纵向受拉钢筋减少，截面的抵抗弯矩也随之减小。因此应首先用公式（3.41）计算弯折后各截面的抵抗弯矩。

$$M_r = \sigma_{sa} A_s jd \tag{3.41}$$

式中，A_s：未弯折纵向受拉钢筋的总截面面积（cm^2）

抗弯安全性验算

计算各截面上产生的最大弯矩，绘制如图3.35中所示的最大弯矩图。同时，在该图上绘制弯起钢筋弯折点的抵抗弯矩图。经比较，如果各截面的抵抗弯矩均大于最大弯矩，则表示结构安全。

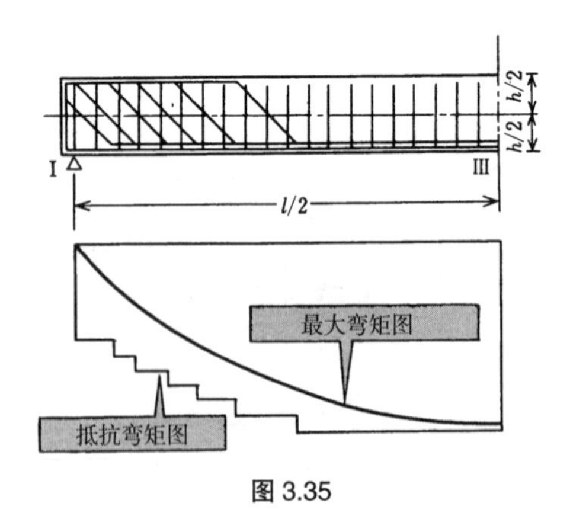

图3.35

例题 19　抗弯安全性验算

用例题 18 的结果，计算各弯折点的抵抗弯矩，并验算抗弯安全性。

（解）受弯承载力计算：抗拉钢筋 10 根、9 根、8 根、7 根、6 根的抵抗弯矩分别用 M_{r10}、M_{r9}、M_{r8}、M_{r7}、M_{r6} 表示。由公式（3.41）得：

$$M_{r10}=176\times7942\times0.925\times950=1.228\times10^9\ \text{N·mm}=1228\ \text{kN·m}$$
$$M_{r9}=176\times7148\times0.925\times950=1.105\times10^9\ \text{N·mm}=1105\ \text{kN·m}$$
$$M_{r8}=176\times6354\times0.925\times950=9.83\times10^8\ \text{N·mm}=983\ \text{kN·m}$$
$$M_{r7}=176\times5559\times0.925\times950=8.59\times10^8\ \text{N·mm}=859\ \text{kN·m}$$
$$M_{r6}=176\times4765\times0.925\times950=7.37\times10^8\ \text{N·mm}=737\ \text{kN·m}$$

将以上结果绘制成抵抗弯矩图，见图 3.36。

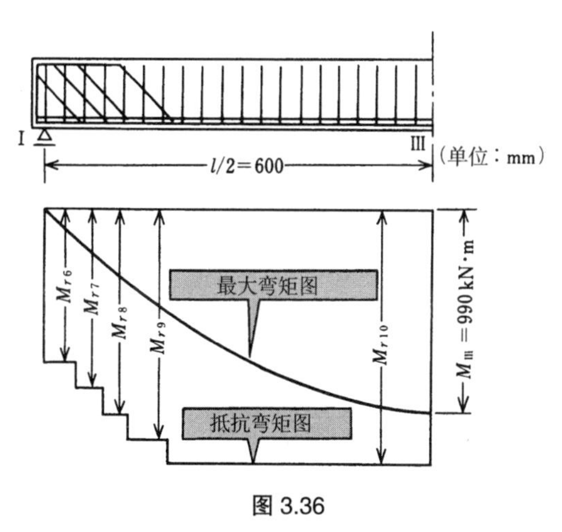

图 3.36

计算最大弯矩：参见图 3.37，图 3.36 中距梁支点 x（m）处截面的最大弯矩 M 可用下式表示。

$$M=\frac{wl}{2}x-\frac{w}{2}x^2+\frac{P(l-x)}{l}x$$
$$=330\,x-27.5\,x^2\ \text{〔kN·m〕}$$

由上式绘制的最大弯矩曲线见图 3.36。从以上的结果可以看出，所有截面的抵抗弯矩均大于最大弯矩。因此可以判断抗弯是安全的。

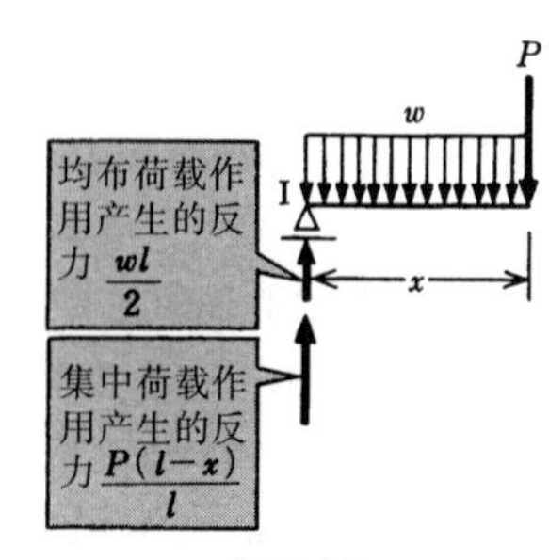

图 3.37

第3章 问题

〔问题1〕 单筋矩形截面梁截面，梁宽 b=400mm、梁高 d=600mm，受拉钢筋4根 ϕ19。当作用弯矩 M=86kN・m 时，计算中和轴的位置及 σ'_c 和 σ_s。已知 σ'_{ca}=7N/mm^2，σ_{sa}=176 N/mm^2 时，计算抵抗弯矩。

〔问题2〕 如图3.38中所示的单筋T形截面梁，当作用弯矩 M=1000kN・m 时，回答以下问题。

（1）计算中和轴的位置。

（2）计算受弯应力 σ'_c 和 σ_s。

（3）已知 σ'_{ca}=7N/mm^2，σ_{sa}=176N/mm^2，计算抵抗弯矩。

b=2 000
t=160
d=900
h=1000
10-D 32
b_w=500
（单位：mm）

图 3.38

〔问题3〕 单筋矩形截面梁截面，梁宽 b=400mm，当作用弯矩 M=80kN・m 时，计算矩形截面有效高度 d 和钢筋面积 A_s。当采用 ϕ19 的钢筋时，计算钢筋根数。已知，f'_{ck}=24N/mm^2，σ_{sa}=176N/mm^2。

〔问题4〕 单筋T形截面梁截面，b=1400mm，t=160mm，b_w=300mm，当作用弯矩 M=340kN・m 时，计算 d 和 A_s。当采用 ϕ32 的钢筋时，求钢筋根数。已知，f'_{ck}=24N/mm^2，σ_{sa}=176N/mm^2。

〔问题5〕 如图3.38中所示单筋T形截面梁，当作用剪力 V=320kN 时，求剪应力 τ 和粘结应力 τ_0。

〔问题6〕 问题2中的单筋T形截面梁的剪应力分布见图3.39，进行抗剪钢筋设计。已知，该梁为简支梁，跨度13m；f'_{ck}=24N/mm^2，σ_{sa}=176N/mm^2。

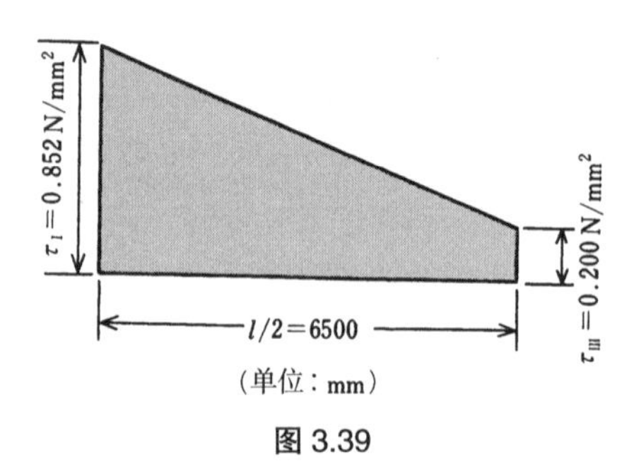

图 3.39

第 4 章　极限状态设计方法

如第 2 章 3 中所述，极限状态设计方法是针对结构不能产生的三种状态（承载力极限状态、正常使用极限状态、疲劳极限状态）分别进行安全性验算的方法。

进行安全性验算时，容许应力法利用由一个安全系数计算得到的容许应力，极限状态设计法则采用多个**安全系数（材料系数、构件系数、结构分析系数、荷载系数、结构系数）**，因此被称为**分项系数法**。

正如“世界上不存在完全相同的建筑”所讲，建筑物根据建筑的使用目的、建筑场地的地质情况、气象条件、荷载条件、材料质量、施工条件等存在着各种不确定的状态。因此可以考虑对各种状况分别确定安全系数。

结构是否会发生破坏取决于作用在结构上的荷载和结构的抵抗能力。验算结构安全性时，用作用在结构上的荷载计算得到的内力乘以结构系数除以用结构材料计算得到的截面承载力，其比值小于 1.0 时，视为安全。验算结构安全性公式如下所示。

$$\frac{\text{结构系数 } \gamma_i \times \text{ 内力设计值 } S_d}{\text{截面的承载力设计值 } R_d} \leqslant 1.0 \qquad (4.1)$$

本章主要介绍截面承载力的计算方法。

1

啊，快支持不住了！

极限状态

承载力极限状态：对应于最大承载能力的状态
正常使用极限状态：与正常使用和耐久性相关的状态
疲劳极限状态：在循环荷载作用下产生疲劳破坏的状态

极限状态 当结构或结构局部达到极限状态时，会产生过大的挠度、裂缝、倾覆、滑移甚至是破坏，已不适合继续使用。这种状态不只是发生在建筑结构中，而且发生在很多我们身旁的事物中。下面就具体的事例进行简要说明。

极限状态可分为以下三种情况。

承载力极限状态	承载力极限状态是指达到最大承载力时的极限状态，是当建筑物在不可预期的地震、海啸等极端荷载作用下发生截面破坏或倾覆等使结构无法继续使用时的状态。这种状态会对人民生命财产和社会功能造成极大的伤害，如要恢复其功能则需要巨大的成本。因此应尽量避免这种状态发生。 例如发生于1991年的19号台风，记录风速超过50m/s，在全国各地，电线杆、广告牌，以及杉树林、养殖乌鱼、苹果园等都遭受了重创。因此设计时必须考虑这类几十年一遇灾害的情况。	

正常使用极限状态	正常使用极限状态是与使用和耐久性相关的极限状态，是指产生过大的挠度、裂缝，钢筋锈蚀等对建筑美观和结构功能产生的不利影响，或产生的过大振动引起心理上的不安或不快感等的状态。这种状态是由正常使用中经常作用的荷载引起的，不会产生很大的危害，但需要进行日常维修检查。例如，很多人在大跨度的步行桥上行走引起的晃动，高层建筑时常发生的晃动。虽然这类晃动不可避免，但是晃动太大会使人们心理上产生不安全的感觉。	
疲劳极限状态	疲劳极限状态是由较小的荷载长期反复作用引起的极限状态，这种状态属于承载力极限状态的一种，但基于以下理由，作为一种极限状态单独考虑。 ① 对象荷载频繁作用。 ② 破坏荷载不是最大荷载，荷载的振幅对其影响很大。 例如，在机动车或火车、波浪等往复荷载的作用下钢筋发生破坏或混凝土发生破坏的状态。在以往的飞机空难事故中有“金属疲劳”的说法。该词的意思是指在气压变化下机身金属达到疲劳的状态。这和我们生活中的很多现象是一样的。比如说运动选手每天超负荷训练，时间一长会发生骨裂甚至骨折等现象，这可以认为是疲劳骨折。	

2 每一步的安全性

安全系数

安全系数

结构是否安全由结构所受荷载和结构承载力的关系决定。两者一旦确定，设计出安全的结构是很容易的事。正如“世界上没有完全一样的建筑”所云，由于荷载条件、混凝土质量、地域特性等诸多不确定因素，设计时要进行很多假定，只能进行推定设计。

容许应力设计方法是利用一个综合安全系数的方法，极限状态设计方法则是考虑各种不确定因素，设定多个安全系数取代一个安全系数的方法，即**分项系数方法**。安全系数有**材料系数、构件系数、结构分析系数、荷载系数**和**结构系数**。根据各阶段或状态的不确定性，分别采用不同的安全系数（参见表4.1）。正常使用极限状态时，各安全系数原则上均取1.0。

标准安全系数取值 表4.1

安全系数 极限状态	材料系数 γ_m		构件系数 γ_b	结构分析系数 γ_a	荷载系数 γ_f	结构系数 γ_i
	混凝土 γ_c	钢材 γ_s				
承载力极限状态	1.3或1.5	1.3或1.05	1.15或1.3	1.0	1.0~1.2	1.0~1.2
正常使用极限状态	1.0	1.0	1.0	1.0	1.0	1.0
疲劳极限状态	1.3或1.5	1.05	1.0~1.1	1.0	1.0	1.0~1.1

截面承载力设计值与内力设计值

截面承载力设计值由材料强度决定，是指结构或者构件能够承受的强度。**内力设计值**是指，在预想的所有荷载作用下结构或者构件截面上产生的力。

截面承载力设计值与内力设计值的计算方法如表 4.2 中所示，计算公式中使用了安全系数。

截面承载力设计值与内力设计值的计算　　表 4.2

截面承载力设计值		内力设计值	
由材料强度得到的构件截面强度 受弯承载力设计值、受剪承载力设计值等		在外荷载作用下产生的构件截面内力 弯矩设计值、剪力设计值、设计轴力等	
材料强度特征值	f_k	F_k	荷载特征值
材料强度设计值 γ_m：**材料系数** 考虑到材料强度会有小的波动，为计算材料的设计强度而确定的安全系数。 用材料特征值除以该系数可得到材料强度设计值。	$f_d=f_k/\gamma_m$	$F_d=F_k\gamma_f$	设计荷载 γ_f：**荷载系数** 考虑到荷载波动很大，为计算设计荷载而确定的安全系数。 用荷载特征值乘以该值，得到设计荷载。
截面承载力设计值 γ_b：**构件系数** 为防止构件的截面承载力设计值偏大，并考虑构件尺寸的离散型等不利因素，设定的用于降低设计截面承载力的安全系数。	$R_d=\dfrac{R(f_d)}{\gamma_b}$	$S_d=\sum\gamma_a S(F_d)$	内力设计值 γ_a：**结构分析系数** 通过结构线性分析计算截面内力时，为防止截面内力计算结果偏小，设定的用于提高设计截面内力的安全系数。
原则上，截面承载力设计值应偏小计算。	$\dfrac{\gamma_i S_d}{R_d}\leqslant 1.0$ γ_i：**结构系数** 截面内力设计值乘以该系数后与截面承载力设计值的比值小于 1.0 时，表示安全。		原则上，截面内力设计值应偏大计算。

例题 1　计算截面承载力设计值

如图 4.1 中所示混凝土柱，混凝土强度标准值 f'_{ck}=27N/mm²，计算混凝土柱的截面承载力设计值。已知，γ_c=1.3，γ_b=1.15。

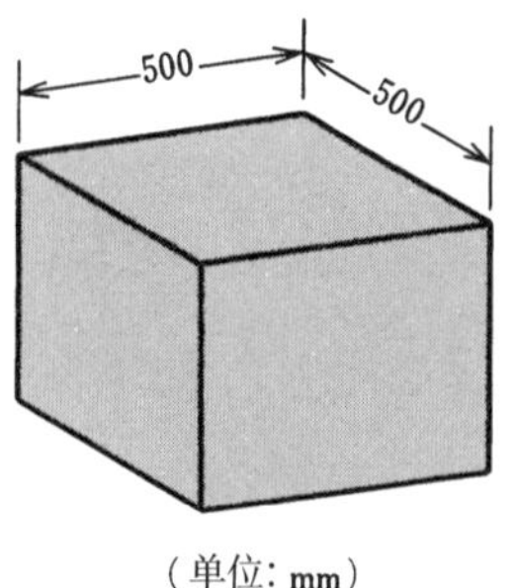

（单位：mm）

图 4.1

（解） $f'_{cd}=f'_{ck}/\gamma_c=27/1.3=20.7\ \text{N/mm}^2$

$N'_d=f'_{cd}A=20.7\times500\times500=5175000\ \text{N}$

$N'_{ud}=N'_d/\gamma_b=5\,175000/1.15=4500000\ \text{N}$

3 特征值是设计的基础

特征值

特征值 极限状态设计方法中采用的荷载和材料强度的特征值按以下方法计算。

* **荷载特征值**

荷载特征值应大于荷载分布的平均值，且在统计学上绝大部分的荷载不应超过（特殊情况时不应低于）该值。

* **材料强度特征值**

材料强度特征值应小于材料强度分布的平均值，且在统计学上绝大部分的强度不应低于该值。

比如，假定混凝土的抗压强度特征值为f'_{ck}，试验值符合图4.2中所示的正规分布。先计算抗压强度的平均值f'_{cm}，然后通过规定试验值在特征值以下的发生概率（一般为5%），利用公式4.2可以计算出使绝大部分试验值不低于该值的保证值。该保证值即为混凝土抗压强度特征值。

$$f'_{ck}=f'_{cm}(1-k\delta) \tag{4.2}$$

式中f'_{cm}：抗压强度试验值的平均值

k：系数，当低于标准强度的概率为5%，试验值呈正规分布时，k=1.64（参见表4.3）

δ：试验值的变异系数

σ：试验值的标准偏差

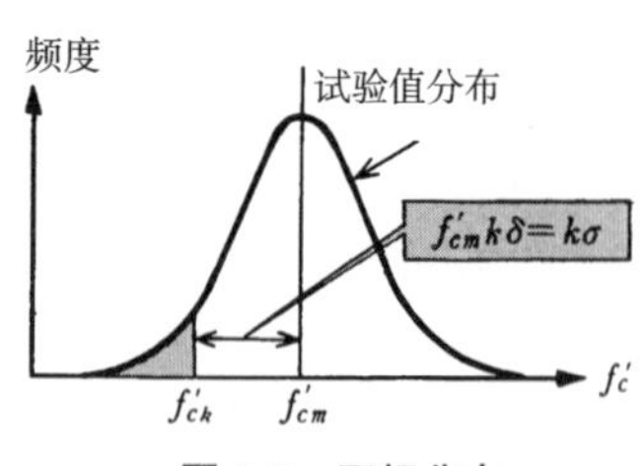

图4.2 正规分布

低于标准强度的概率和系数 k 的关系　　表 4.3

低于强度标准值概率	0.5	0.159	0.05	0.042	0.023	0.00135
系数 k	0	1	1.64	1.73	2	3

在日本，混凝土抗压试验中采用的试件为直径 10cm、高 20cm 的圆柱体，养护条件为 20℃水中养护，龄期为 28 天（见图 4.3）。

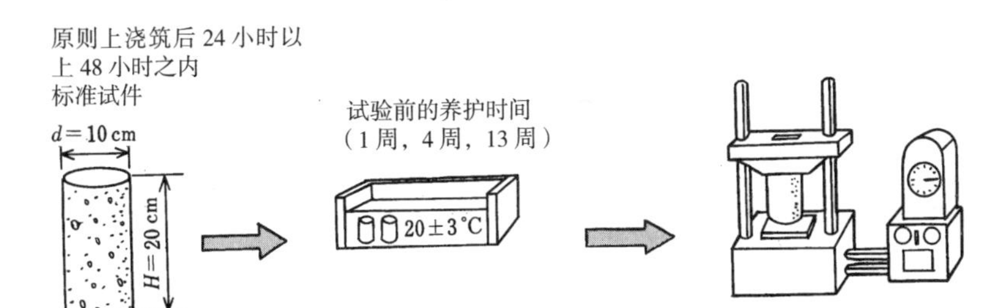

图 4.3　混凝土的抗压试验

例题 2　计算混凝土强度标准值

在现场取 3 个混凝土试块，抗压试验结果如下所示，变异系数 δ =0.15 时，计算该混凝土的强度标准值。

$f'_{c1}=35.5$ N/mm²，$f'_{c2}=37.5$ N/mm²，$f'_{c3}=35.0$ N/mm²

（解） 试验得到的抗压强度的平均值

$f'_{cm}=(35.5+37.5+35.0)/3=36.0$ N/mm²

k=1.64（低于标准强度的概率为 5% 时的系数）

由公式 4.2 得：

$f'_{ck}=36.0(1-1.64\times0.15)=27.1$ N/mm²

第4章 问题

〔问题1〕 极限状态分为承载力极限状态、正常使用极限状态和疲劳极限状态。举例对每种状态进行简要说明。

〔问题2〕 对截面承载力设计值和内力设计值进行简要说明。

〔问题3〕 极限状态设计方法是用多个安全系数计算截面承载力设计值和内力设计值。请完成下面的设计流程。

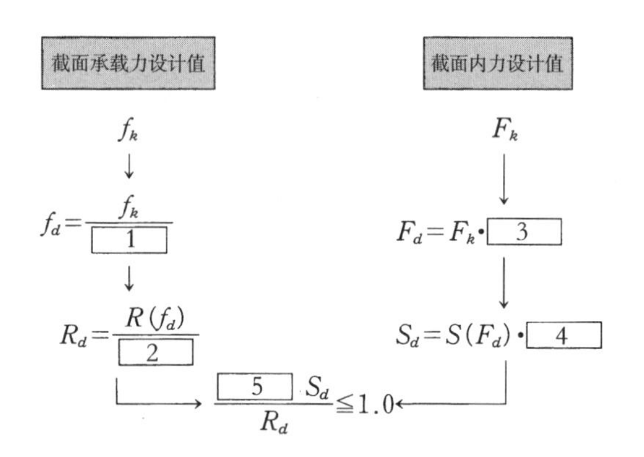

〔问题4〕 填空完成下面的句子。

混凝土抗压试验中采用的试件为直径_1_、高_2_的圆柱体，养护条件为20℃水中养护，龄期为_3_天。计算抗压强度特征值时，应先计算抗压强度平均值，然后按照计算公式_4_求得。

第 5 章　承载力极限状态验算

土木工程，如道路、桥梁、隧道、防洪堤、上下水道、大坝等，都是与市民生活息息相关、具有公共性质的构筑物，且使用寿命都很长。因此，必须保证这些构筑物在使用期限内在各种外力作用下是安全的。作用于结构上的荷载分为**人为荷载**（**自重、机动车、火车、人群**等）和**自然荷载**（**地震、风、雪、土压、水压**等）。

承载力极限状态是指结构在非常大的即使只作用一次的荷载作用下达到最大承载力，如果继续加载将发生：①结构中局部构件丧失承载力，或内部钢筋屈服或混凝土破坏的状态，②结构丧失整体稳定性，发生倾覆或滑移的状态，③产生影响使用功能的变形或裂缝的状态。表 5.1 中列举了达到承载力极限状态时的各种现象。

一般情况下这种状态不会频繁出现，而是以几十年一次的频率发生。由于无法准确预测发生时间，只能通过控制发生概率的方法避免其状态的出现。

本章通过讲解具体例题，学习单筋矩形截面梁和单筋 T 形截面梁的受弯承载力和受剪承载力的计算方法，以及承载力极限状态的验算方法。

承载力极限状态及现象《混凝土规范（设计篇）》　　表 5.1

构件截面破坏的极限状态	结构构件截面发生破坏的状态
整体稳定的极限状态	整个结构或局部结构发生倾覆或其他丧失稳定的状态
位移极限状态	结构产生的大位移使结构丧失必要承载力的状态
变形极限状态	塑性变形、徐变、裂缝、不均匀沉降等大变形引起结构丧失必要承载力的状态。
形成机构的极限状态	不静定结构向不稳定结构过渡的状态

1

基本假定

截面承载力 –计算的核心–

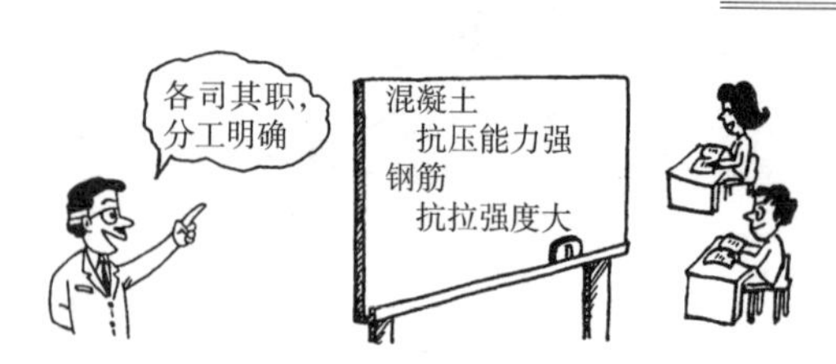

基本假定

一般情况下，钢筋混凝土构件在受弯距，以及受弯距和轴力共同作用时，计算构件截面的承载力在以下的假定条件下进行。此时构件系数 γ_b 一般取 1.15。

（1）构件截面受弯变形前为平面，受弯变形后仍为平面，即截面的线应变与至中和轴的距离成正比。

（2）忽略混凝土的拉应力。

（3）合理选用混凝土和钢筋的应力－应变曲线。原则上采用图 5.1 中《混凝土规范（设计篇）》给出的关系曲线。

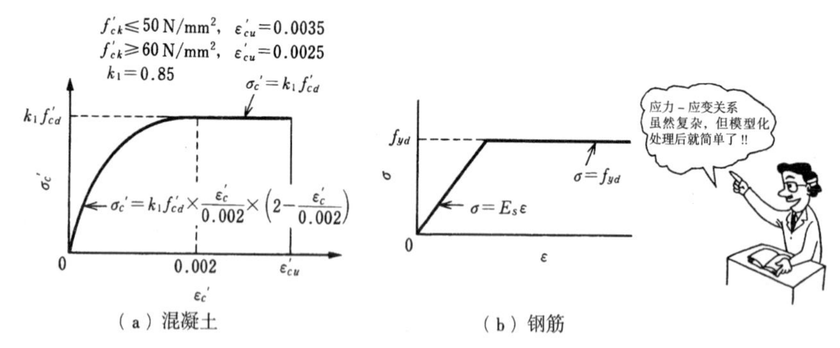

（a）混凝土　　（b）钢筋

图 5.1　应力－应变曲线的简化模型

受压区与受拉区

承载力极限状态时，在钢筋混凝土构件截面上产生的受弯应力分布如图 5.2（a）所示，一般可认为受压区合力 C' 由混凝土负担，受拉区合力 T' 由钢筋负担。

C' 到 T' 的距离被称为力臂 z，z 与 C' 或 T' 的乘积被称为抵抗弯矩。

一般情况下，作用在混凝土上的拉应力可忽略不计。理论上可认为受压区由混凝土，受拉区由钢筋负担。在这里重点考虑单筋矩形截面和单筋 T 形截面。

等效矩形应力图

钢筋混凝土构件在弯矩作用下，当截面达到最大抵抗弯矩时发生破坏，此时的应力分布如图 5.2（a）中所示。然而对应于受压区合力 C' 位置的应力分布可以是任意形状，为了便于计算，除构件全截面为受压应变以外，可以将应力分布简化成图 5.2（c）中所示的矩形应力图模型（**等效矩形应力图**）。

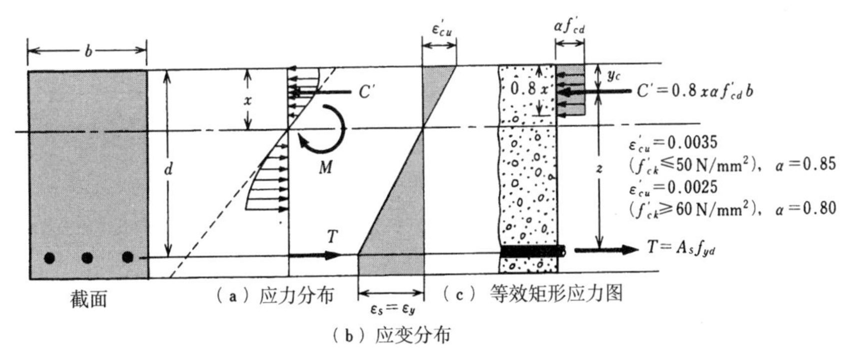

图 5.2 承载力极限状态时的应力和应变分布图

例题 1 计算受压区合力 C'

图 5.2 中所示单筋矩形截面梁截面，b=400mm，f'_{cd}=18.5N/mm²，x=200mm，计算受压区合力 C'。已知 f'_{yd}=300N/mm²，A_s=3097mm²，验算钢筋是否屈服。此时 γ_b=1.3。

（解） 计算时，将受压区应力分布简化成等效矩形应力图。

$$f'_{ck}=18.5\ \text{N/mm}^2\times 1.3=24\ \text{N/mm}^2\leqslant 50\ \text{N/mm}^2$$

所以，α=0.85

$$C'=0.85 f'_{cd}\times 0.8x\times b$$
$$=0.85\times 18.5\times 0.8\times 200\times 400$$
$$=1006400\ \text{N}$$

$$M=C'z=Tz$$
$$C'=T$$
$$C'=A_s f_{yd}$$
$$f_{yd}=\frac{C'}{A_s}=\frac{1006400\ \text{N}}{3097\ \text{mm}^2}$$
$$=324\ \text{N/mm}^2>300\ \text{N/mm}^2$$

∴钢筋已经屈服。

2 破坏机构

应力分布变化

截面破坏　没有轴力只有弯矩作用的钢筋混凝土截面的破坏形式一般分为两种，受拉区钢筋屈服破坏（拉断）和受压区混凝土破坏（压溃）。由于钢筋从屈服到拉断，伸长率非常大，所以一般情况下是不会拉断的。因此最终受压区混凝土一定会被压溃。

从开始受力到截面破坏，受弯应力分布和截面状态可分为如图 5.3 中所示的 4 个阶段。

阶段	说明	图示
I 构件受拉区无裂缝	适用于虎克定律，受拉区、受压区的应力分布基本上为直线，应力大小与至中和轴的距离成正比。受拉区混凝土中也有拉应力存在。	中和轴；σ_c'；x；$\frac{\sigma_s}{n}$；σ_t
II 构件受拉区产生裂缝	随着荷载增加，混凝土的拉应力超过比例极限，受拉区出现裂缝。中和轴慢慢向受压区方向移动，虎克定律仍然适用。	阶段 I 的中和轴；σ_c'；x；$\frac{\sigma_s}{n}$

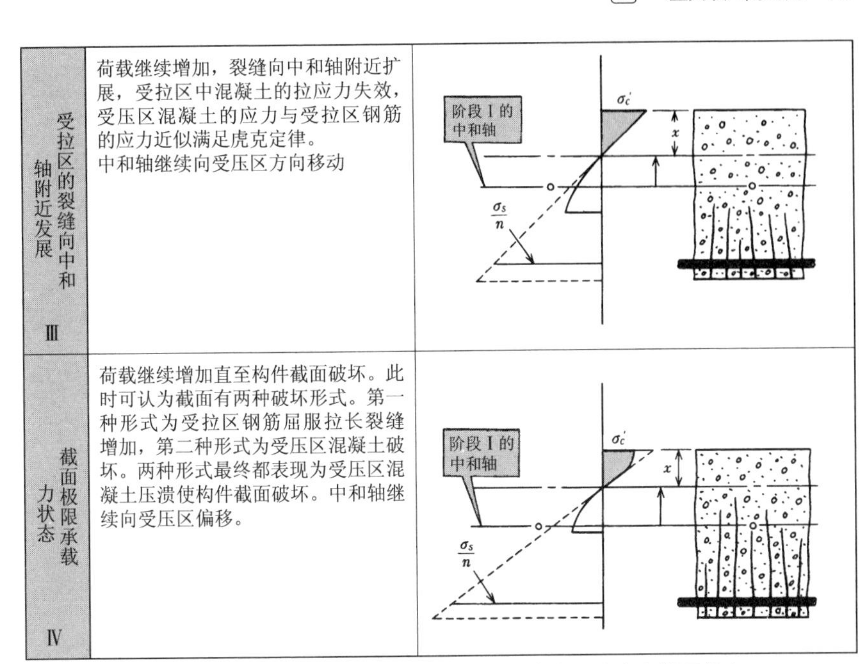

Ⅲ 受拉区的裂缝向中和轴附近发展	荷载继续增加，裂缝向中和轴附近扩展，受拉区中混凝土的拉应力失效，受压区混凝土的应力与受拉区钢筋的应力近似满足虎克定律。 中和轴继续向受压区方向移动	
Ⅳ 截面极限承载力状态	荷载继续增加直至构件截面破坏。此时可认为截面有两种破坏形式。第一种形式为受拉区钢筋屈服拉长裂缝增加，第二种形式为受压区混凝土破坏。两种形式最终都表现为受压区混凝土压溃使构件截面破坏。中和轴继续向受压区偏移。	

图 5.3 从开始受力到截面破坏时的受弯应力分布和截面状态

例题 2 应力状态说明

用图 5.3 对以下的应力状态进行说明。

1）容许应力设计方法

2）承载力极限状态设计方法

3）正常使用极限状态设计方法

4）疲劳极限状态设计方法

（解） 1）容许应力设计方法……………………允许产生裂缝，可认为是第三阶段。

2）承载力极限状态设计方法…………可认为是第四阶段截面即将破坏前的状态。

3）正常使用极限状态设计方法………如果需要裂缝验算，可认为处于第二阶段和第三阶段之间。

4）疲劳极限状态设计方法……………虽然应力状态属于第一、第二阶段，但由于荷载反复作用可认为已经到达第四阶段。

3 到底能承担多少力

计算受弯承载力设计值

单筋矩形截面受弯承载力设计值

如第5章中所述，图5.4中所示单筋矩形截面在弯矩作用下的破坏形式有两种，纵向受拉钢筋破坏形式和受压混凝土破坏形式。由于在极限状态时钢筋已经屈服，所以可以根据截面的力的平衡条件，按以下流程计算受弯承载力设计值。

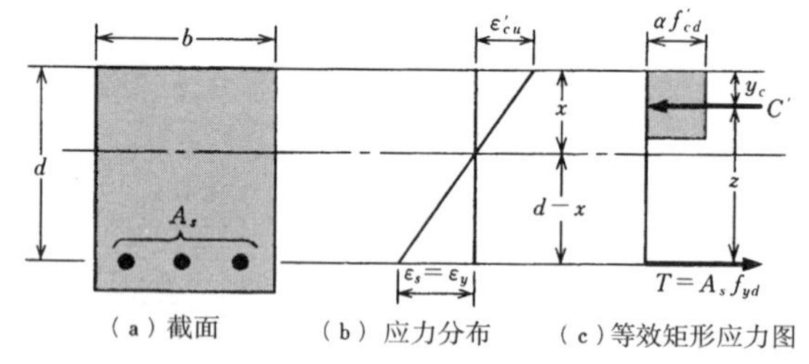

图5.4 单筋矩形截面梁的受弯承载力

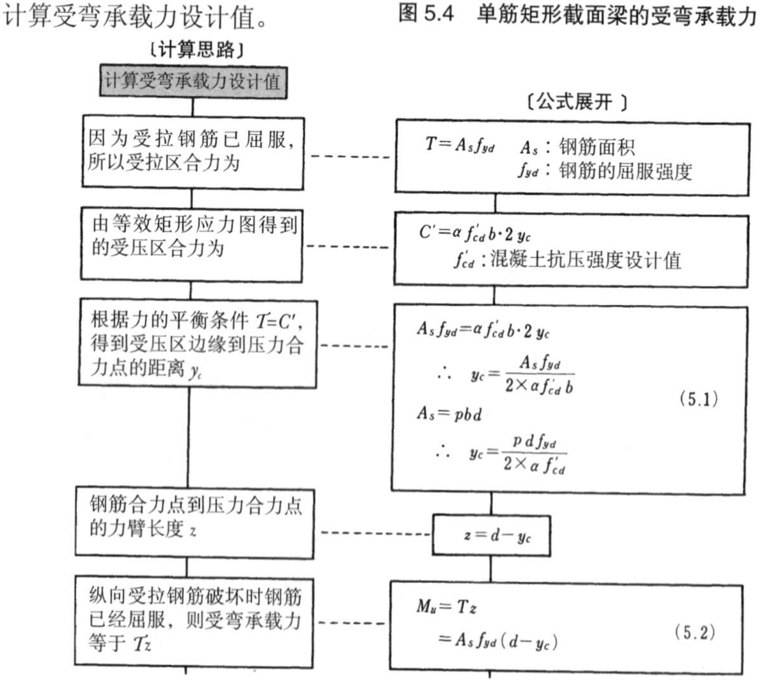

用受弯承载力除以构件系数 γ_b 得受弯承载力设计值	$M_{ud}=\frac{M_u}{\gamma_b}$ (5.3) $=\frac{A_s f_{yd}(d-y_c)}{\gamma_b}$ (5.4)

图 5.5 受弯承载力设计值的计算思路及公式展开

例题 3 计算单筋矩形截面梁的受弯承载力设计值

如图 5.4 中所示单筋矩形截面梁，作用弯矩 M_d=200kN · m，计算受弯承载力设计值 M_{ud}（纵向受拉钢筋破坏），并验算其安全性。已知 b=400mm，d=600mm，A_s=1936mm^2，材料的力学性质及安全系数如下：

混凝土强度标准值：f'_{ck}=27N/mm^2

混凝土的抗压极限应变：ε'_{cu}=0.0035（α=0.85）

钢筋的屈服强度（特征值）：f_{yk}=300N/mm^2

安全系数 γ_c=1.3，γ_s=1.0，γ_b=1.15，γ_i=1.15。

计算项目	计算公式	计算值	使用值
抗压强度设计值 f'_{cd}	$f'_{cd}=\frac{f'_{ck}}{\gamma_c}$	$f'_{cd}=\frac{27}{1.3}=20.7$ N/mm^2	20.7 N/mm^2
抗拉强度设计值 f_{yd}	$f_{yd}=\frac{f_{yk}}{\gamma_s}$	$f_{yd}=\frac{300}{1.0}=300$ N/mm^2	300 N/mm^2
压力合力点的作用位置 y_c	由公式（5.1）得： $y_c=\frac{A_s f_{yd}}{2\times0.85\times f'_{cd}b}$	$y_c=\frac{1936\times300}{2\times0.85\times20.7\times400}$ $=41.2$ mm	41.2 mm
纵向受拉钢筋的应变 ε_s	用图 5.4（b）进行推导： $\varepsilon_s=\frac{\varepsilon'_{cu}(d-x)}{x}$ 代入 $2y_c=0.8x$ $=\frac{\varepsilon'_{cu}(d-2.5y_c)}{2.5y_c}$	$\varepsilon_s=\frac{0.0035(600-2.5\times41.2)}{2.5\times41.2}$ $=0.016$	0.016
屈服应变 ε_y	$\varepsilon_y=\frac{f_{yd}}{E_s}$	$\varepsilon_y=\frac{300}{200000}=0.0015$	0.0015
判断钢筋是否屈服	$\varepsilon_s>\varepsilon_y$	0.016>0.0015 因此已屈服。	
受弯承载力 M_u	由公式（5.2）得： $M_u=A_s f_{yd}(d-y_c)$	$M_u=1936\times300(600-41.2)$ $=324\times10^6$ N·mm $=324$ kN·m	324 kN·m
受弯承载力设计值 M_{ud}	由公式（5.3）得： $M_{ud}=\frac{M_u}{\gamma_b}$	$M_{ud}=\frac{324\text{ kN·m}}{1.15}=281$ kN·m	281 kN·m
安全性验算	$\frac{\gamma_i M_d}{M_{ud}}\leq1.0$	$\frac{1.15\times200\text{ kN·m}}{281\text{ kN·m}}=0.82\leq1.0$ 因此，是安全的。	

4

单筋T形截面梁（1）

可发挥各材料优势的经济截面

什么是单筋T形截面梁？

单筋矩形截面梁中，中和轴上方（受压区）的混凝土抵抗压力，中和轴下方（受拉区）的混凝土只对钢筋起保护作用，计算时可忽略不计。因此只要合理布置钢筋，计算时可以不考虑多余的混凝土部分（参见图5.6）。

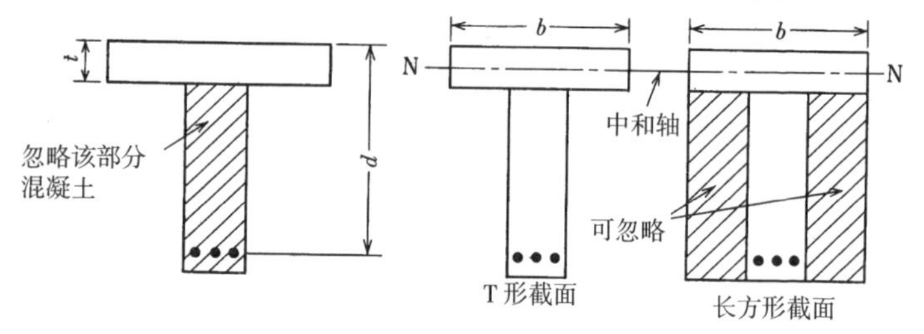

图5.6　单筋T形截面梁的计算方法

梁构件为纵向受拉钢筋破坏时，影响截面受弯承载力的主要因素有纵向受拉钢筋面积、钢筋屈服强度和截面有效高度。T形截面的中和轴位置可分为在翼缘内和在腹板内的两种情况。计算受弯承载力设计值时，当中和轴在翼缘内时可将T形截面考虑为宽度等于翼缘宽度的矩形截面进行计算；当中和轴在腹板内时可按以下所示方法进行计算。

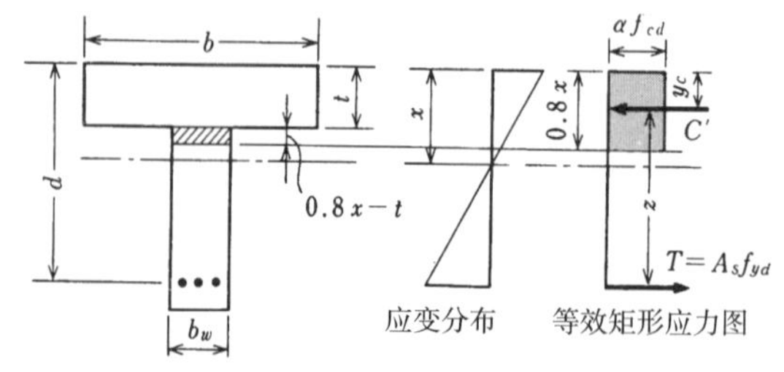

图5.7　中和轴在腹板内时对T形梁的计算思路

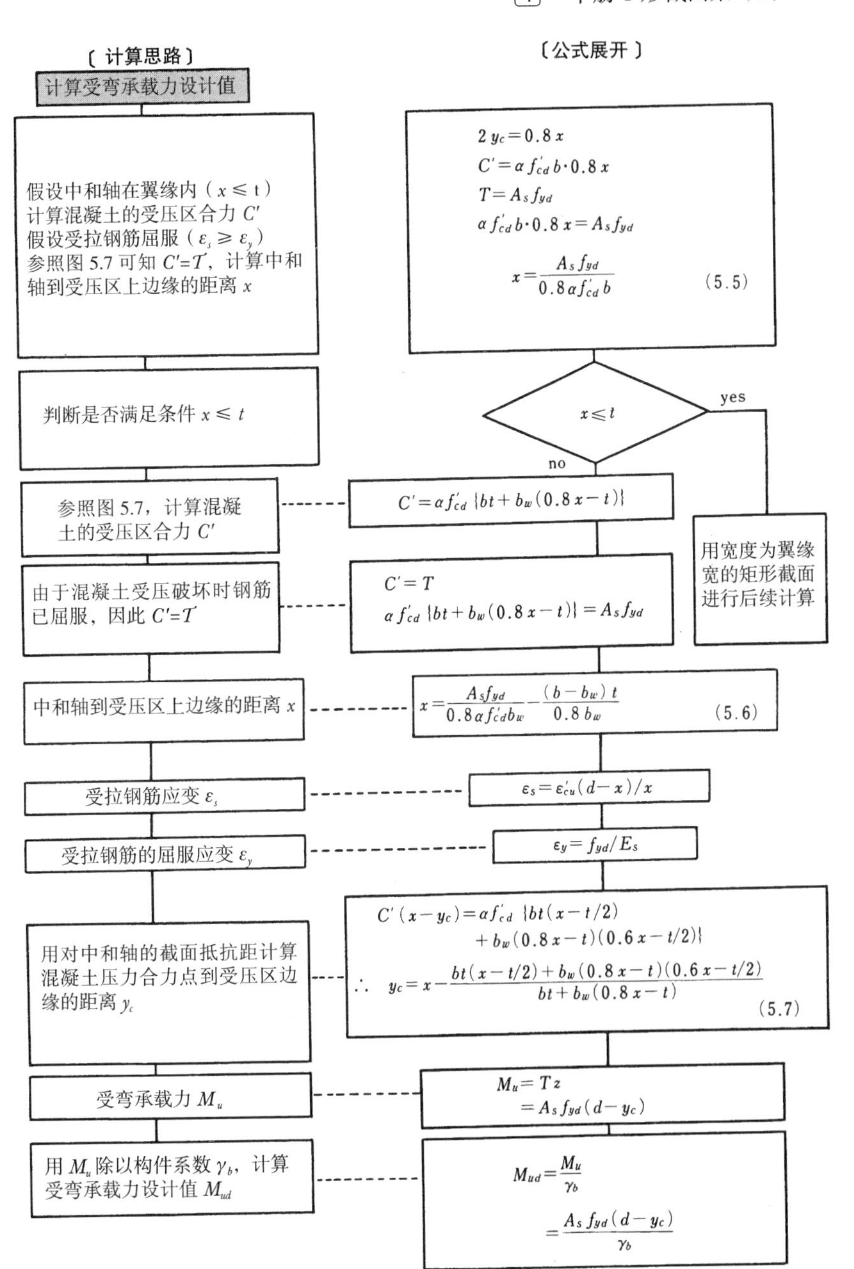

图 5.8 受弯承载力设计值的计算思路与公式展开

5 中和轴在什么位置？

单筋T形截面梁（2）

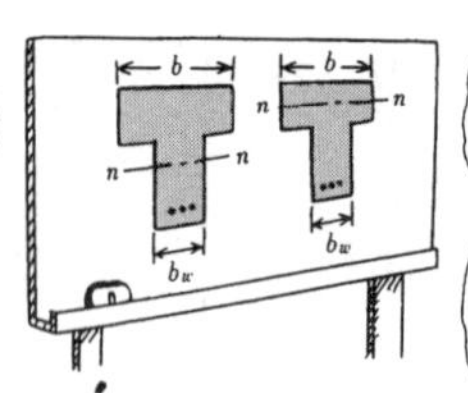

例题4 计算单筋T形截面梁受弯承载力设计值

如图5.7中所示单筋T形截面梁，在 M_d=200kN·m 的弯矩设计值作用下，计算受弯承载力设计值 M_{ud}（纵向受拉钢筋破坏），并验算其安全性。已知 b=400mm，b_w=200mm，t=150mm，d=600mm，A_s=1936mm^2，材料的力学性质及安全系数如下：

混凝土强度标准值：f'_{ck}=27N/mm^2

计算项目	计算公式	计算值	使用值
抗压强度设计值 f'_{cd}	$f'_{cd}=\frac{f'_{ck}}{\gamma_c}$	$f'_{cd}=\frac{27}{1.3}=20.7$ N/mm²	20.7 N/mm²
抗拉强度设计值 f_{yd}	$f_{yd}=\frac{f_{yk}}{\gamma_s}$	$f_{yd}=\frac{300}{1.0}=300$ N/mm²	300 N/mm²
假定中和轴在翼缘内（$x\leqslant t$），计算中和轴到受压区上边缘的距离 x	由公式（5.5）得：$x=\frac{A_s f_{yd}}{0.8\times\alpha f'_{cd}b}$	$x=\frac{1936\times300}{0.8\times0.85\times20.7\times400}$ =103.15 mm	103.15 mm
判断	x（=103.35）<t（=150mm）。因此中和轴在翼缘中，符合假定。		
受拉钢筋的应变 ε_s	$\varepsilon_s=\frac{\varepsilon'_{cu}(d-x)}{x}$	$\varepsilon_s=\frac{0.0035(600-103.15)}{103.15}=0.016$	0.016
受拉钢筋屈服应变 ε_y	$\varepsilon_y=\frac{f_{yd}}{E_s}$	$\varepsilon_y=\frac{300}{200000}=0.0015$	0.0015
判断钢筋是否屈服	$\varepsilon_s>\varepsilon_y$	0.016>0.0015 因此，钢筋已屈服。	
结果	因此，对该T形梁可按照宽度 b 的矩形截面计算。		
受弯承载力 M_u	由公式（5.2）得：$M_u=A_s f_{yd}(d-y_c)$	$M_u=1936\times300(600-41.2)$ $=324\times10^6$ N·mm =324 kN·m	324 kN·m
受弯承载力设计值 M_{ud}	由公式（5.3）得：$M_{ud}=\frac{M_u}{\gamma_b}$	$M_{ud}=\frac{324\text{ kN·m}}{1.15}=281$ kN·m	281 kN·m
安全性验算	$\frac{\gamma_i M_d}{M_{ud}}\leqslant1.0$	$\frac{1.15\times200\text{ kN·m}}{281\text{ kN·m}}=0.82\leqslant1.0$ 因此，是安全的。	

混凝土的极限压应变：ε'_{cu}=0.0035（α=0.85）
钢筋的屈服强度（特征值）：f_{yk}=300N/mm²
安全系数 γ_c=1.3，γ_s=1.0，γ_b=1.15，γ_i=1.15

例题 5 计算单筋 T 形截面梁受弯承载力设计值

如图 5.7 中所示单筋 T 形截面梁，在 M_d=200kN·m 的弯矩设计值作用下，计算受弯承载力设计值 M_{ud}（纵向受拉钢筋破坏）。已知 b=400mm，b_w=200mm，t=150mm，d=600mm，A_s=3871mm²，材料的力学性质及安全系数和例题 4 相同。

计算项目	计算公式	计算值	使用值
中和轴位置 x	由公式（5.5）得：	$x=\dfrac{3871\times300}{0.8\times0.85\times20.7\times400}=206.2\text{ mm}$	206.2mm
判断	x（=206.2mm）>t=150mm。因此中和轴在腹板内，按照中和轴在腹板内的方法计算。		
实际中和轴位置 x	由公式（5.6）得：	$x=\dfrac{3871\times300}{0.8\times0.85\times20.7\times200}-\dfrac{(400-200)\times150}{0.8\times200}$ $=412.5-187.5=225.0\text{ mm}$	225.0mm
受拉钢筋应变 ε_s	$\varepsilon_s=\dfrac{\varepsilon'_{cu}(d-x)}{x}$	$\varepsilon_s=\dfrac{0.0035(600-225.0)}{225.0}=0.0058$	0.0058
受拉钢筋屈服应变 ε_y	$\varepsilon_y=\dfrac{f_{yd}}{E_s}$	$\varepsilon_y=\dfrac{300}{200000}=0.0015$	0.0015
判断	$\varepsilon_s>\varepsilon_y$	0.0058>0.0015 因此，钢筋已屈服。	
受压区上边缘到压力合力点 C' 的距离 y_c	由公式（5.7）得：	$y_c=225.0-\dfrac{400\times150(225.0-150/2)+200(0.8\times225.0-150)(0.6\times225.0-150/2)}{400\times150+200(0.8\times225.0-150)}$ $=83.1\text{ mm}$	
受弯承载力 M_u	$M_u=A_sf_{yd}(d-y_c)$	$M_u=3\,871\times300(600-83.1)$ $=600\times10^6\text{ N·mm}=600\text{ kN·m}$	600 kN·m
受弯承载力设计值 M_{ud}	$M_{ud}=\dfrac{M_u}{\gamma_b}$	$M_{ud}=\dfrac{600\text{ kN·m}}{1.15}=521.7\text{ kN·m}$	521.7kN·m
不考虑中和轴的位置，按照宽度为翼缘宽的矩形截面计算。	由公式（5.4）得：	$x=206.2\text{ mm}$ $y_c=0.4\times206.2=82.48\text{ mm}$ $M_{ud}=\dfrac{3871\times300(600-82.48)}{1.15}$ $=522\times10^6\text{ N·mm}=522\text{ kN·m}$	522 kN·m
判断	521.7kN·m ≈ 522kN·m，两值很接近。因此在钢筋量不是很大的情况下，即使中和轴在腹板内也可以按宽度为翼缘宽度的矩形截面计算。		

受剪构件

6 斜截面作用力

破坏机构

单筋矩形截面梁在荷载作用下，不仅有弯矩，还有剪力、轴力或扭矩的作用。

在这里考虑剪应力和弯应力组合后形成的组合应力引起构件破坏的情况。

我们已经学过钢筋混凝土在荷载作用下，构件上边缘受压力作用、下边缘受拉力作用。在受拉区设置有纵向受拉钢筋，混凝土也有一定的抗拉强度可抵抗弯矩。当混凝土中的拉应力增加并超过混凝土的受弯拉应力时，会产生与构件轴方向垂直的受弯裂缝。	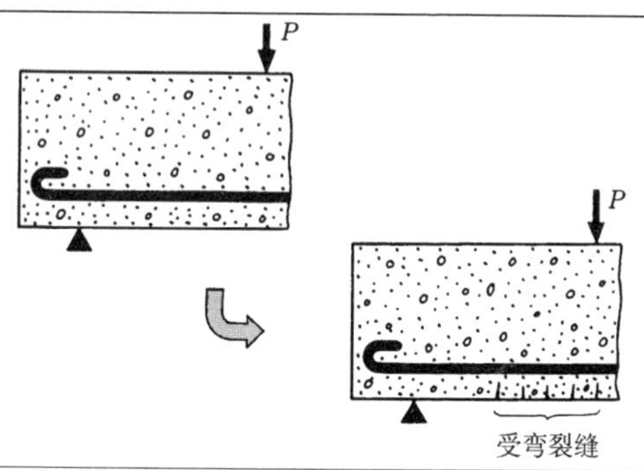
由于支点附近的剪应力和弯应力的合力作用，会产生与构件轴方向成45° 角的斜截面裂缝。如果未布置相对应的加强钢筋（图中虚线所示钢筋），裂缝将快速发展，最终导致构件破坏。这种破坏被称为斜截面受拉破坏。	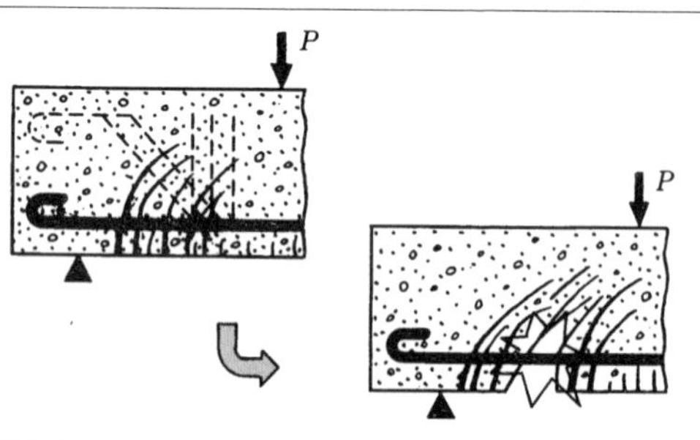

抗剪钢筋

钢筋混凝土杆件在斜截面裂缝发生后承载力会迅速降低。为了防止构件在产生这种裂缝的斜截面拉力作用下发生破坏，需要设置加强钢筋。这种钢筋被称为抗剪钢筋（参见图 5.9）。

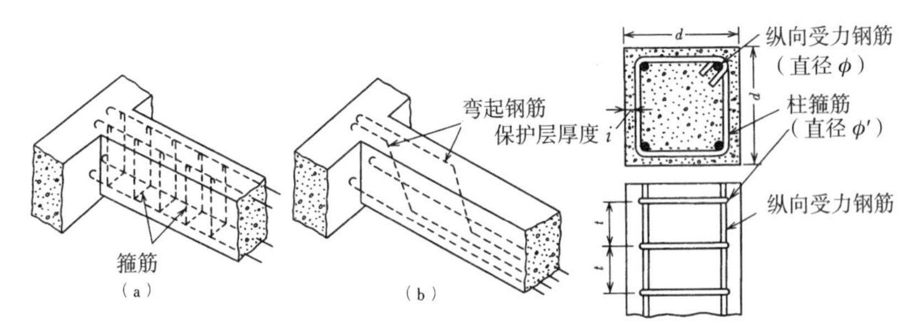

图 5.9 抗剪钢筋的种类

腹板宽度取值方法

计算受剪承载力设计值时，除矩形截面以外，对腹板宽度如何取值非常重要。《混凝土规范(设计篇)》中做了如下规定：腹板宽度沿构件高度变化时，在截面有效高度范围内取最小值；箱形截面有多个腹板时，取腹板宽度之和；实心圆截面或中空圆截面时，取面积相等的正方形截面或正方形箱形截面（参见图 5.10）。

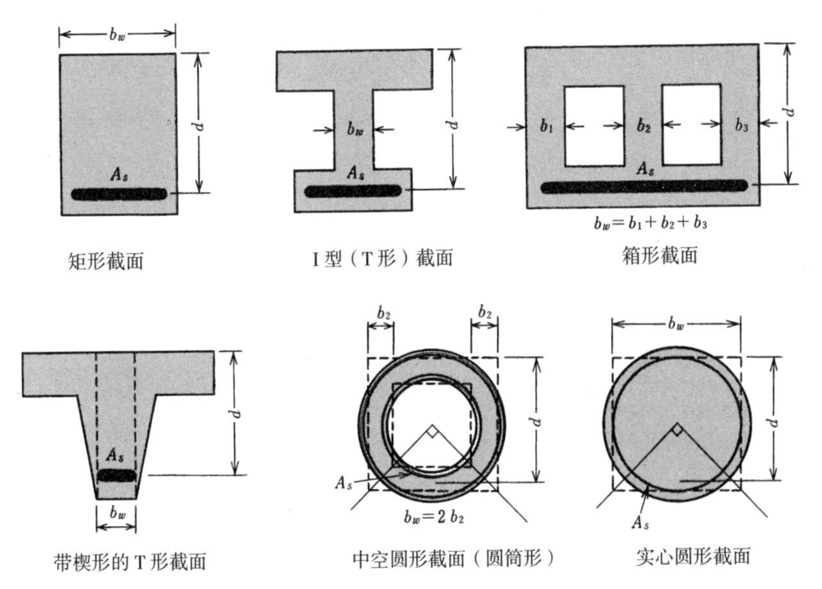

图 5.10 除矩形截面以外的其他截面的 b_w 和 d 的取值方法

7 计算受剪承载力设计值

受剪承载力设计值（1）——无抗剪钢筋的杆件

受剪承载力设计值

斜截面裂缝发生时的受剪承载力，其大小受混凝土的抗拉强度或受弯应力、纵向受拉钢筋配筋率、截面有效高度等因素的影响。

未设置抗剪钢筋的杆件，其受剪承载力设计值按照公式（5.8）计算。其公式考虑了混凝土抗压强度、截面有效高度、纵向受拉钢筋配筋率以及轴力的影响。

$$V_{cd}=\frac{\beta_d\beta_p\beta_n f_{vcd} b_w d}{\gamma_b} \tag{5.8}$$

式中 $f_{vcd}=0.20\sqrt[3]{f'_{cd}}$〔N/mm²〕，且 $f_{vcd} \leqslant 0.72$（N/mm²）。

$\beta_d=\sqrt[4]{1/d}$ d 单位用 m，但当 β_d>1.5 时取 1.5

$\beta_p=\sqrt[3]{100\,p_w}$ 但当 β_p>1.5 时取 1.5

$\beta_n=1+M_0/M_d$ （N'_d>0 时）

但当 β_n>2 时取 2

$\beta_n=1+2\,M_0/M_d$ （N'_d<0 时）

但当 β_n<0 时取 0

β_n=1（N'_d=0 时）

N'_d：轴向压力设计值

M_d：弯矩设计值

M_o：弯矩设计值 M_d 时，为抵消受拉翼缘中由轴力产生的压应力所需要的弯矩。

γ_b：构件系数（一般取 1.3）

b_w：构件腹板宽度

d：有效高度

p_w：$A/b_w d$，纵向受拉钢筋配筋率

f'_{cd}：混凝土抗压强度设计值（N/mm²）

例题 6　计算无抗剪钢筋杆件受剪承载力设计值

如图 5.11 中所示单筋矩形截面梁，当剪力设计值 V_d=200kN 时，计算无抗剪钢筋时的受剪承载力设计值 V_{cd}，并验算是否安全。假设无轴力作用。已知材料的力学性质及安全系数如下：

混凝土强度标准值：f'_{ck}=24N/mm²

安全系数：γ_c=1.3，γ_s=1.0，γ_b=1.3，γ_i=1.15。

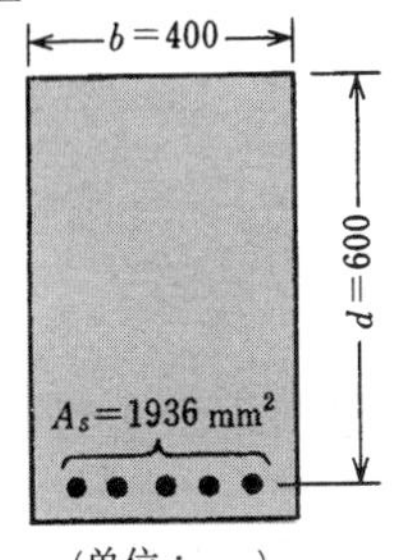

图 5.11

（解）

计算项目	计算公式	计算值	使用值
抗压强度设计值 f'_{cd}	由表 1.2 得	$f'_{cd}=18.5$ N/mm²	18.5 N/mm²
纵向受拉钢筋配筋率 p_w	$p_w=\frac{A_s}{b_w d}$	$p_w=\frac{1\,936}{400\times600}=0.00807$	0.00807
f_{vcd}	$f_{vcd}=0.20\sqrt[3]{f'_{cd}}$	$f_{vcd}=0.20\sqrt[3]{18.5}=0.52$ N/mm²	0.52 N/mm²
β_d β_p β_n	$\beta_d=\sqrt[4]{1/d}$ $\beta_p=\sqrt[3]{100\,p_w}$ $\beta_n=1+M_0/M_d$	$\beta_d=\sqrt[4]{1/0.6}=1.136$ $\beta_p=\sqrt[3]{100\times0.00807}=0.931$ $\beta_n=1$	1.136 0.931 1
受剪承载力设计值 V_{cd}	$V_{cd}=\frac{\beta_d\beta_p\beta_n f_{vcd} b_w d}{\gamma_b}$	$V_{cd}=\frac{1.136\times0.931\times1\times0.52\times400\times600}{1.3}$ $=101\,531$ N	101 kN
安全性验算	$\frac{\gamma_i V_d}{V_{cd}}\leqslant1.0$	$\frac{1.15\times200\text{ kN}}{101\text{ kN}}=2.28\geqslant1.0$ 因此，是不安全的。需要设置抗剪钢筋。	

8 计算受剪承载力设计值

受剪承载力设计值（2）——有抗剪钢筋的杆件

受剪承载力设计值

杆件中有抗剪钢筋时，其受剪承载力设计值按照公式（5.9）进行计算，即取无抗剪钢筋杆件和抗剪钢筋的受剪承载力设计值之和。

$$V_{yd}=V_{cd}+V_{sd} \quad (5.9)$$

式中 V_{cd}：无抗剪钢筋杆件的受剪承载力设计值（式（5.8））

V_{sd}：抗剪钢筋的受剪承载力设计值

$$V_{sd}=\frac{A_w f_{wyd}(\sin\alpha+\cos\alpha)(z/s)}{\gamma_b} \quad (5.10)$$

A_w：一组抗剪钢筋的总面积

f_{wyd}：抗剪钢筋的屈服强度设计值，应不大于400 N/mm^2

α：抗剪钢筋与杆件纵轴之间的夹角

s：抗剪钢筋间距

z：压应力合力点到受拉钢筋形心的距离（一般取 $z=d/1.15$）

γ_b：构件系数（一般取1.15）

（注）抗剪钢筋的受剪承载力设计值中包括预应力杆件（PC钢棒）的负担部分，在这里不予考虑。

例题 7　计算有抗剪钢筋杆件受剪承载力设计值

在例题 6 所示截面中设置抗剪钢筋时，计算受剪承载力设计值 V_{yd}，并验算是否安全。已知箍筋采用 $\phi13$（截面面积 A_w=253mm²），按 200mm 间距布置。

箍筋用钢筋的屈服强度：f_{wyk}=300N/mm²

与箍筋受剪承载力相关的构件系数：γ_b=1.15

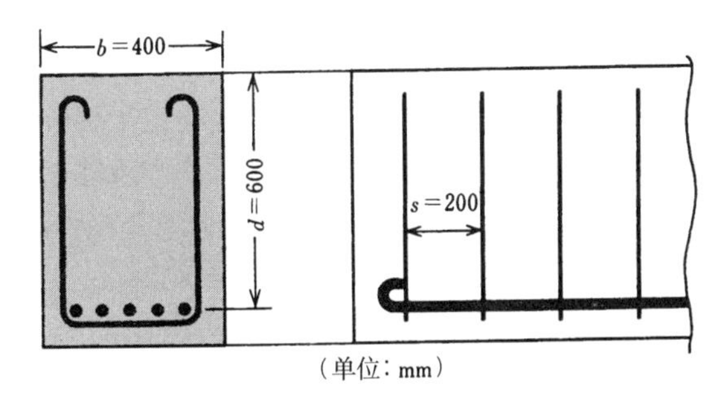

图 5.12　箍筋布置

（解）

计算项目	计算公式	计算值	使用值
受剪承载力设计值 V_{cd}	由表 1.2 得	$V_{cd}=101$ kN	101 kN
抗剪钢筋的屈服强度设计值 f_{wyd}	$f_{wyd}=\dfrac{f_{wyk}}{\gamma_s}$	$f_{wyd}=\dfrac{300}{1.0}=300$ N/mm²	300 N/mm²
力臂长度 z（应力中心之间距离）	$z=\dfrac{d}{1.15}$	$z=\dfrac{600}{1.15}=521.7$ mm	521.7 mm
抗剪钢筋的受剪承载力设计值 V_{sd}	$V_{sd}=\dfrac{A_w f_{wyd}(z/s)}{\gamma_b}$	$V_{sd}=\dfrac{253\times300\times(521.7/200)}{1.15}$ $=172161$ N	172 kN
受剪承载力设计值 V_{yd}	$V_{yd}=V_{cd}+V_{sd}$	$V_{yd}=101+172=273$ kN	273 kN
安全性验算	$\dfrac{\gamma_i V_d}{V_{yd}}\leqslant1.0$	$\dfrac{1.15\times200\text{ kN}}{273\text{ kN}}=0.85\leqslant1.0$ 因此，是安全的。	

9 计算斜截面受剪承载力设计值

受剪承载力设计值（3）——腹板混凝土的承载力

斜截面受剪承载力设计值

计算受剪承载力设计值时，当布置的抗剪钢筋数量超过需要量时，腹板混凝土会因超过抗压承载力容许值在抗剪钢筋屈服之前发生受压破坏。因此应分别计算有抗剪钢筋时的截面受剪承载力设计值和腹板混凝土斜截面受剪承载力设计值，然后取两值中间的较小值作为杆件的受剪承载力设计值。

斜截面受剪承载力设计值按照公式（5.11）计算。

$$V_{wcd}=\frac{f_{wcd}b_w d}{\gamma_b} \tag{5.11}$$

式中，f_{wcd}：腹板混凝土斜截面抗剪强度 $=1.25\sqrt{f'_{cd}}$（N/mm²）

此时，$f_{wcd}\leqslant 7.8\text{N/mm}^2$

b_w：杆件宽度，d：截面有效高度，γ_b：构件系数（一般取 1.3）

例题 8 计算受剪承载力设计值

在例题 6 的截面中布置抗剪钢筋时，计算斜截面受剪承载力设计值 V_{wcd}，并验算是否安全。

（解）

计算项目	计算公式	计算值	使用值
抗压强度设计值 f'_{cd}	由表 1.2 得	$f'_{cd}=18.5$ N/mm²	18.5 N/mm²
腹板混凝土的斜截面抗剪强度设计值 f_{wcd}	$f_{wcd}=1.25\sqrt{f'_{cd}}$	$f_{wcd}=1.25\times\sqrt{18.5}=5.37$ N/mm²	5.37 N/mm²
腹板混凝土的斜截面受剪承载力设计值 V_{wcd}	$V_{wcd}=\frac{f_{wcd}b_w d}{\gamma_b}$	$V_{wcd}=\frac{5.37\times400\times600}{1.3}=991384$ N	991 kN
安全性验算	$\frac{\gamma_i V_d}{V_{wcd}}\leqslant1.0$	$\frac{1.15\times200\text{ kN}}{991\text{ kN}}=0.23\leqslant1.0$因此，是安全的。	
杆件受剪承载力设计值	由例题 7 得知：V_{yd}（=273kN）< V_{wcd}（=991kN）因此，受剪承载力设计值取 V_{yd}。		

例题 9　计算受剪承载力设计值

图 5.13 的截面，当剪力设计值 V_d=300kN 时，按照例题 7 所示布置箍筋，箍筋间距取 100mm，计算受剪承载力设计值 V_{yd} 和斜截面受剪承载力设计值 V_{wcd}，并验算是否安全。

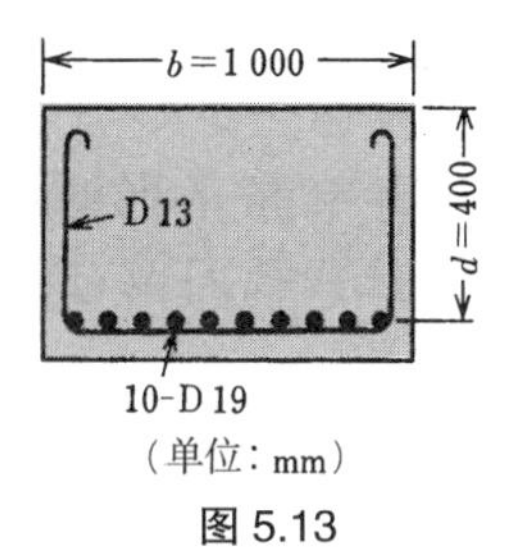

图 5.13

（解）

计算项目	计算公式	计算值	使用值
抗压强度设计值 f'_{cd}	由表 1.2 得	$f'_{cd}=18.5\ \text{N/mm}^2$	18.5 N/mm²
纵向受拉钢筋配筋率 p_w	$p_w=\dfrac{A_s}{b_wd}$	$p_w=\dfrac{2865}{1000\times400}=0.00716$	0.00716
f_{vcd}	$f_{vcd}=0.20\sqrt[3]{f'_{cd}}$	$f_{vcd}=0.20\sqrt[3]{18.5}=0.52\ \text{N/mm}^2$	0.52 N/mm²
β_d β_p β_n	$\beta_d=\sqrt[4]{1/d}$ $\beta_p=\sqrt[3]{100\,p_w}$ $\beta_n=1+M_0/M_d$	$\beta_d=\sqrt[4]{1/0.4}=1.257$ $\beta_p=\sqrt[3]{100\times0.00716}=0.894$ $\beta_n=1$（轴方向力加 0）	1.257 0.894 1
受剪承载力设计值 V_{cd}	$V_{cd}=\dfrac{\beta_d\beta_p\beta_n f_{vcd}b_wd}{\gamma_b}$	$V_{cd}=\dfrac{1.257\times0.894\times1\times0.52\times1000\times400}{1.3}$ $=179801\ \text{N}$	179 kN
安全性验算	$\dfrac{\gamma_i V_d}{V_{cd}}\leqq1.0$	$\dfrac{1.15\times300\ \text{kN}}{179\ \text{kN}}=1.93\geqslant1.0$ 因此，是不安全的，需要设置抗剪钢筋。	
抗剪钢筋的屈服强度设计值 f_{wyd}	$f_{wyd}=\dfrac{f_{wyk}}{\gamma_s}$	$f_{wyd}=\dfrac{300}{1.0}=300\ \text{N/mm}^2$	300 N/mm²
力臂长度 z （应力中心之间距离）	$z=\dfrac{d}{1.15}$	$z=\dfrac{400}{1.15}=347.8\ \text{mm}$	347.8 mm
抗剪钢筋的受剪承载力设计值 V_{sd}	$V_{sd}=\dfrac{A_w f_{wyd}(z/s)}{\gamma_b}$	$V_{sd}=\dfrac{253\times300\times(347.8/100)}{1.15}$ $=229\,548\ \text{N}$	229 kN
受剪承载力设计值 V_{yd}	$V_{yd}=V_{cd}+V_{sd}$	$V_{yd}=179+229=408\ \text{kN}$	408 kN
安全性验算	$\dfrac{\gamma_i V_d}{V_{cd}}\leqslant1.0$	$\dfrac{1.15\times300\ \text{kN}}{408\ \text{kN}}=0.85\leqslant1.0$ 因此，是安全的。	
腹板混凝土的斜截面抗剪强度设计值 f_{wcd}	$f_{wcd}=1.25\sqrt{f'_{cd}}$	$f_{wcd}=1.25\times\sqrt{18.5}$ $=5.37\ \text{N/mm}^2$	5.37 N/mm²
腹板混凝土的斜截面受剪承载力设计值 V_{wcd}	$V_{wcd}=\dfrac{f_{wcd}b_wd}{\gamma_b}$	$V_{wcd}=\dfrac{5.37\times1000\times400}{1.3}$ $=1652307\ \text{N}$	1652 kN
安全性验算	$\dfrac{\gamma_i V_d}{V_{wcd}}\leqslant1.0$	$\dfrac{1.15\times300\ \text{kN}}{1\,652\ \text{kN}}=0.21\leqslant1.0$ 因此，是安全的。	
杆件的受剪承载力设计值	V_{yd}（=408 kN）$<V_{wcd}$（=1652 kN） 因此，受剪承载力设计值取 V_{yd}。		

10 计算单筋 T 形截面梁受剪承载力设计值

例题 10 计算单筋 T 形截面梁受剪承载力设计值

如图 5.14 中所示单筋 T 形截面梁，无抗剪钢筋，计算受剪承载力设计值 V_{cd}。已知材料的力学性质及安全系数如下：

混凝土强度标准值：f'_{ck}=24N/mm²

安全系数：γ_c=1.3（混凝土材料系数），

γ_s=1.0（钢筋材料系数），

γ_b=1.3（构件系数）。

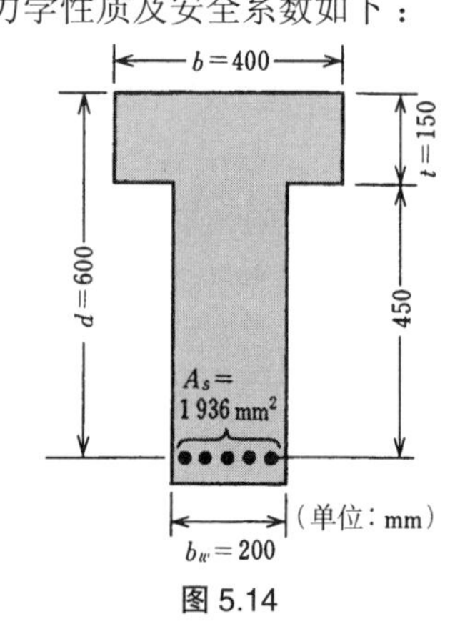

图 5.14

（解）

计算项目	计算公式	计算值	使用值
抗压强度设计值 f'_{cd}	由表 1.2 得	$f'_{cd}=18.5$ N/mm²	18.5 N/mm²
纵向受拉钢筋配筋率 p_w	$p_w=\dfrac{A_s}{b_w d}$	$p_w=\dfrac{1936}{200\times600}=0.0161$	0.0161
f_{vcd}	$f_{vcd}=0.20\sqrt[3]{f'_{cd}}$	$f_{vcd}=0.20\sqrt[3]{18.5}=0.52$ N/mm²	0.52 N/mm²
β_d β_p β_n	$\beta_d=\sqrt[4]{1/d}$ $\beta_p=\sqrt[3]{100\,p_w}$ $\beta_n=1+M_0/M_d$	$\beta_d=\sqrt[4]{1/0.6}=1.136$ $\beta_p=\sqrt[3]{100\times0.0161}=1.172$ $\beta_n=1$ （因为轴力为 0）	1.136 1.172 1
受剪承载力设计值 V_{cd}	$V_{cd}=\dfrac{\beta_d\beta_p\beta_n f_{vcd} b_w d}{\gamma_b}$	$V_{cd}=\dfrac{1.136\times1.172\times1\times0.52\times200\times600}{1.3}$ $=63906.8$ N	63.9 kN

例题11　计算单筋T形截面梁受剪承载力设计值

与例题10相同的T形截面，当抗剪设计值 V_d=200kN时，计算受剪承载力设计值 V_{yd} 和斜截面受剪承载力设计值 V_{wcd}，并验算是否安全。梁箍筋为 ϕ13（面积 A_s=253mm^2），间距200mm。

箍筋用钢筋的屈服强度：f_{wyk}=300N/mm^2

对应于箍筋受剪承载力的构件系数：γ_b=1.15

结构系数：γ_i=1.15

（解）

计算项目	计算公式	计算值	使用值
受剪承载力设计值 V_{cd}	参见例题10	$V_{cd}=63.9$ kN	63.9 kN
抗剪钢筋的屈服强度设计值 f_{wyd}	$f_{wyd}=\dfrac{f_{wyk}}{\gamma_s}$	$f_{wyd}=\dfrac{300}{1.0}=300$ N/mm²	300 N/mm²
力臂长度 z（应力中心之间距离）	$z=\dfrac{d}{1.15}$	$z=\dfrac{600}{1.15}=521.7$ mm	521.7 mm
抗剪钢筋的受剪承载力设计值 V_{sd}	$V_{sd}=\dfrac{A_w f_{wyd}(z/s)}{\gamma_b}$	$V_{sd}=\dfrac{253\times300\times(521.7/200)}{1.15}$ $=172\ 161$ N	172 kN
受剪承载力设计值 V_{yd}	$V_{yd}=V_{cd}+V_{sd}$	$V_{yd}=63.9+172=235.9$ kN	235.9 kN
安全性验算	$\dfrac{\gamma_i V_d}{V_{yd}}\leqslant1.0$	$\dfrac{1.15\times200\text{ kN}}{235.9\text{ kN}}=0.98\leqslant1.0$ 因此，是安全的。	
腹板混凝土的斜截面抗剪强度设计值 f_{wcd}	$f_{wcd}=4\sqrt{f'_{cd}}$	$f_{wcd}=1.25\times\sqrt{18.5}=5.37$ N/mm²	5.37 N/mm²
腹板混凝土的受剪承载力设计值 V_{wcd}	$V_{wcd}=\dfrac{f_{wcd}b_w d}{\gamma_b}$	$V_{wcd}=\dfrac{5.37\times200\times600}{1.3}$ $=495692$ N	495 kN
安全性验算	$\dfrac{\gamma_i V_d}{V_{wcd}}\leqslant1.0$	$\dfrac{1.15\times200\text{ kN}}{495\text{ kN}}=0.46\leqslant1.0$ 因此，是安全的。	
梁构件的受剪承载力设计值	$V_{yd}(=235.9\text{ kN})<V_{wcd}(=495\text{ kN})$ 因此，受剪承载力设计值取 V_{yd}。		

第 5 章 问题

〔问题 1〕 钢筋混凝土截面在弯矩作用下有两种破坏形式，请对这两种破坏形式进行简要说明。

〔问题 2〕 钢筋混凝土梁的材料特性和安全系数如下所示，请回答以下问题。

材料特性：f'_{ck}=24N/mm^2，ε'_{cu}=0.0035（α=0.85），f_{yk}=300N/ mm^2

安全系数：材料系数 γ_c=1.3, γ_s=1.0，构件系数 γ_b=1.15，结构系数 γ_i=1.15。

（1）图 5.14 中所示单筋矩形截面梁，当弯矩设计值 M_d=300kN · m 时，计算受弯承载力设计值 M_{ud}，并验算其安全性。

（2）图 5.15 中所示单筋 T 形截面梁，当弯矩设计值 M_d=900kN · m 时，计算受弯承载力设计值 M_{ud}，并验算其安全性。

（3）如图 5.14 中所示无抗剪钢筋的单筋 T 形截面梁，当剪力设计值 V_d=200kN 时，计算受剪承载力设计值 V_{cd}，并验算是否安全。

（4）如图 5.15 中所示单筋 T 形截面梁，当剪力设计值 V_d=300kN 时，采用抗剪箍筋 ϕ13，间距 200mm。计算受剪承载力设计值 V_{yd} 和斜截面受剪承载力设计值 V_{wcd}。已知：箍筋材料的屈服强度 f_{wyk}=300N/ mm^2，γ_b=1.3。

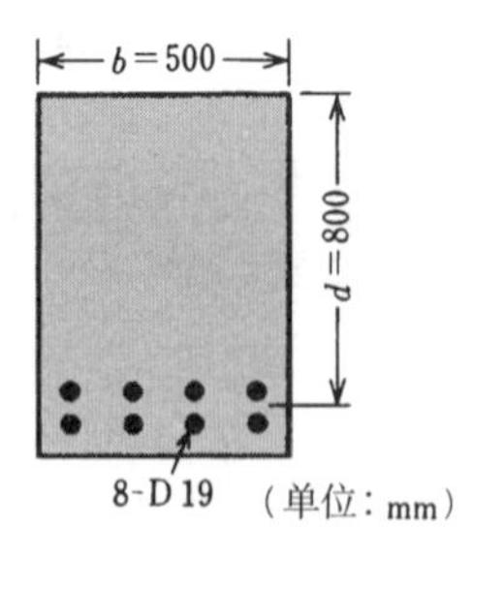

图 5.15

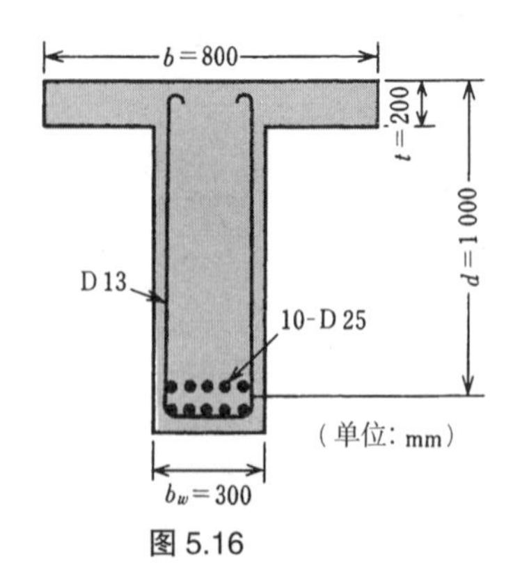

图 5.16

第 6 章　正常使用极限状态验算

正常使用极限状态是指结构或构件上产生的过大裂缝、挠度、振动等使其处于非正常状态或无法继续使用的极限状态。表 6.1 中列举了达到正常使用极限状态时的各种现象。

正常使用极限状态验算主要是针对裂缝、位移、变形、振动等进行。本章对裂缝、位移、变形、振动的正常使用极限状态进行说明。

① **裂缝：**一般情况下允许钢筋混凝土结构产生裂缝，但过大的裂缝不但影响结构美观，还会使钢筋锈蚀，影响其耐久性。钢筋混凝土构件中的裂缝主要由弯矩引起，通过比较计算得到的裂缝宽度 w 是否小于环境条件下的容许裂缝宽度 w_a，进行裂缝正常使用极限状态的验算。

② **变形和位移：**变形和位移中最具代表性的是梁的挠度。比如铁路桥的挠度过大会影响列车的运行安全。变形和位移的极限状态验算就是针对这类情况进行的。

正常使用极限状态例《混凝土规范（设计篇）》　　表 6.1

裂缝的正常使用极限状态	产生的裂缝影响美观，对耐久性、水密性和气密性产生不利影响的状态
变形的正常使用极限状态	对正常使用来说，产生的变形过大的状态
位移的正常使用极限状态	虽未使结构或构件丧失稳定或失去平衡，但对正常使用来说，产生的位移过大的状态
损伤的正常使用极限状态	因各种原因产生的损伤使结构已不适合继续使用的状态
振动的正常使用极限状态	振动过大造成无法正常使用，或在人心理上产生不安全感的状态
发生有害振动的正常使用极限状态	通过地基等传播给邻近结构物的有害振动，使人产生不舒适感的状态

1

受弯应力计算

正常使用极限状态的受弯应力

受弯应力计算上的假定

进行正常使用极限状态和疲劳极限状态验算时必须知道钢筋混凝土构件的受弯应力。正常使用极限状态时，可认为钢筋和混凝土处于弹性阶段，按照弹性理论计算。在这一点上，正常使用极限状态设计时的受弯应力计算与容许应力设计方法相同。正常使用极限状态设计时的假定条件如下。

① 线应变与至构件截面中和轴的距离成正比（平截面假定原则），与图 3.5 中所述的 [假定①] 相同。

② 忽略混凝土的拉应力。

③ 钢筋和混凝土为弹性体，各弹性模量按以下取值。

钢筋→图 1.5（b）中所示弹性区的弹性模量取 E_s=200kN/mm^2。

混凝土→容许应力设计法中，钢筋和混凝土的弹性模量比取定值 n=15；而正常使用极限状态设计时，如表 1.4 中所示混凝土弹性模量与强度标准值f'_{ck}相关，因此弹性模量比（$n=E_s/E_c$）根据标准强度的不同而变化，具体数值见表 6.2。

弹性模量比 n　　　　表 6.2

f'_{ck}（N/mm^2）	18	24	30	40	50	60	70	80
普通混凝土	9.09	8.00	7.14	6.45	6.06	5.71	5.41	5.26

受弯应力计算

由以上的假定可知，正常使用极限状态设计法与容许应力设计方法比较，其不同的点只是弹性模量比的取值不同。也就是说，正常使用极限状态设计时应用表 6.2 中的 n 值替换容许应力设计法应力计算公式中的 n 值。

例题 1　计算正常使用极限状态时的受弯应力

如图 6.1 中所示单筋矩形截面梁，当弯矩设计值 M=160kN · m 时，计算受弯应力。已知，混凝土强度标准值：f'_{ck}=24N/mm^2。

（解） A_s=8 根 ϕ16=1589mm^2，查表 6.2 得，n=8.00

$$p=\frac{A_s}{bd}=\frac{1589}{400\times800}=0.0050$$

由公式（3.2）得：

$$k=\sqrt{2\,np+(np)^2}-np$$
$$=\sqrt{2\times8.00\times0.0050+(8.00\times0.0050)^2}-8.00\times0.0050=0.246$$

由公式（3.7）得：

$$j=1-\frac{k}{3}=1-\frac{0.246}{3}=0.918$$

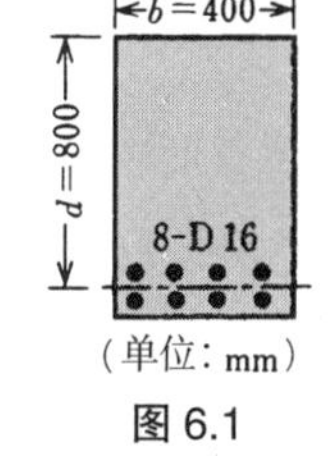

图 6.1

由公式（3.8）、（3.9）得：

$$\sigma_s=\frac{M}{A_s jd}=\frac{160000000}{1\,589\times0.918\times800}=137.1\ \text{N/mm}^2$$

$$\sigma'_c=\frac{2\,M}{kbjd^2}=\frac{2\times160000000}{0.246\times400\times0.918\times800^2}=5.5\ \text{N/mm}^2$$

例题 2　计算正常使用极限状态时的受弯应力

如图 6.2 中所示单筋 T 形截面梁，当弯矩设计值 M=240kN · m 时，计算受弯应力。已知混凝土强度标准值：f'_{ck}=24 N/mm^2。

（解） 首先计算中和轴的位置，并验算是否按 T 形截面计算

6 根 ϕ25 钢筋的面积：A_s=3040mm^2，查表 6.2 得 n=8.00

$$p=\frac{A_s}{bd}=\frac{3040}{1600\times800}=0.0024$$

由公式（3.5）得：

$$k=\frac{np+(1/2)(t/d)^2}{np+(t/d)}$$
$$=\frac{8.00\times0.0024+(1/2)\times(160/800)^2}{8.00\times0.0024+(160/800)}=0.179$$

图 6.2

因此，中和轴的位置 $x=kd$=0.179 × 800=143mm > t（=140mm）→中和轴在腹板内，应按 T 形截面计算。由公式（3.10）求 j 得：j=0.938（计算省略）。然后由公式（3.11）和（3.12）得：

$$\sigma_s=\frac{M}{A_s jd}=\frac{240000000}{3040\times0.938\times800}=105.2\ \text{N/mm}^2$$

$$\sigma'_c=\frac{k}{n(1-k)}\,\sigma_s=\frac{0.179}{8.00(1-0.179)}\times105.2=2.9\ \text{N/mm}^2$$

2

关注裂缝

正常使用极限状态与裂缝

裂缝宽度大时
○水或空气侵入，使钢筋发生锈蚀、保护层剥落，破坏美观和耐久性
○当结构有气密性和水密性要求时，将对结构功能产生不利影响
因此，裂缝宽度极限状态是正常使用极限状态中的一种。

产生裂缝

进行钢筋混凝土受弯构件设计是在受拉区混凝土无法抵抗受拉应力的前提下进行的。实际情况是受拉钢筋在拉应力作用下被拉长，混凝土因无法适应其变形而产生裂缝。因此，合理设计的钢筋混凝土构件在受拉区产生裂缝是很正常的现象。

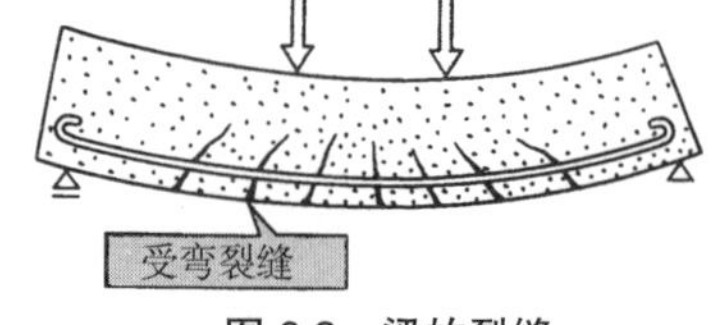

图 6.3 梁的裂缝

裂缝为什么会成为问题

裂缝之所以会成为问题主要是跟裂缝宽度有关。当裂缝宽度小而浅时不会引起构件破坏。但当裂缝达到一定宽度后会出现如因钢筋锈蚀降低耐久性、丧失水密性，或影响结构美观等各种问题。因此进行裂缝正常使用极限状态验算是设计中的重要内容之一。

受弯裂缝的发生机制

钢筋混凝土梁在弯矩作用下，受拉区混凝土开始出现裂缝。受弯裂缝发生的机理为：①初期阶段因为弯矩作用受拉区开始出现裂缝，②随着裂缝数量增加，弯矩的影响减弱，③最后不再产生新的裂缝，已经产生的裂

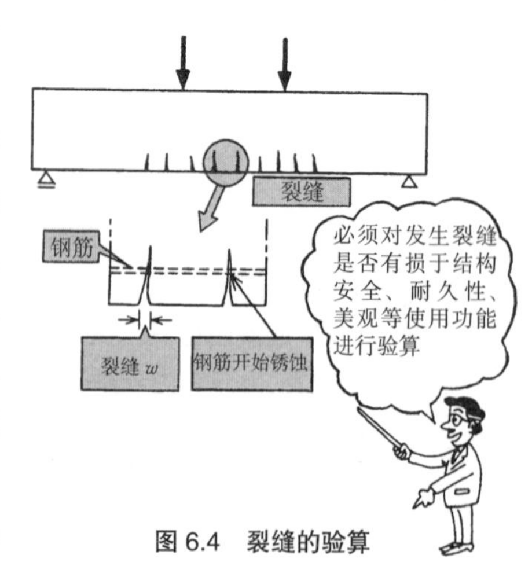

图 6.4 裂缝的验算

缝的宽度开始增加，即达到了裂缝的恒定状态。

受弯裂缝宽度计算 —计算思路—

受弯裂缝发生的原理可以用图 6.5（b）中所示的模型试验进行说明。对内置在混凝土试件中的钢筋两端施加拉力，随着荷载的增加开始出现裂缝，最终达到裂缝的恒定状态。

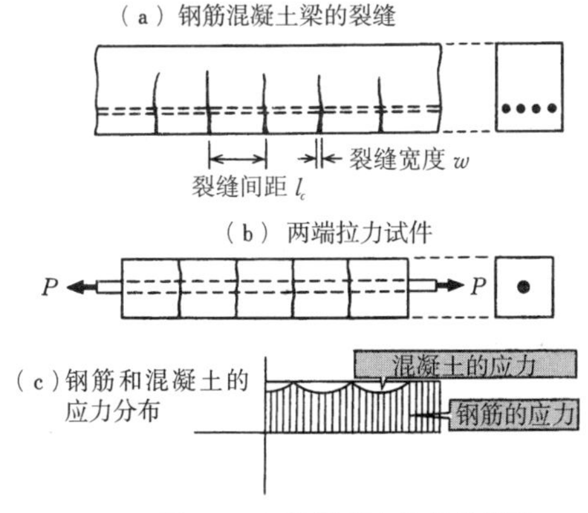

图 6.5　钢筋混凝土构件的裂缝

达到恒定状态的裂缝宽度 w 按下式计算。

$$w=l_c(\varepsilon_{sm}+\varepsilon'_{cs}) \qquad (6.1)$$

式中 l_c：裂缝间距

ε_{sm}：钢筋的平均应变

ε'_{cs}：混凝土的平均收缩应变

公式右边的第一项 $l_c\varepsilon_{sm}$ 表示裂缝间距 l_c 时钢筋平均应变的伸长量，第 2 项 $l_c\varepsilon'_{cs}$ 表示混凝土的干燥收缩对裂缝宽度的影响（参见图 6.6）。

此外，《混凝土规范（设计篇）》中规定，采用螺纹钢筋时最大裂缝间距按下式计算：

$$l_c=4c+0.7(c_s-\phi) \qquad (6.2)$$

式中 c：保护层厚度（mm）

c_s：钢筋的中心间距（mm）

ϕ：钢筋直径（mm）

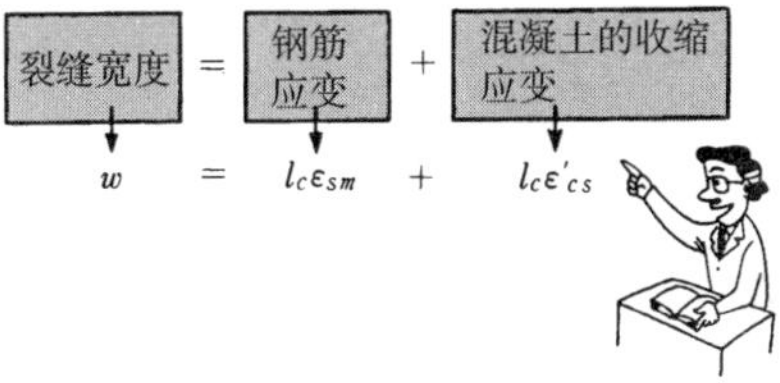

裂缝宽度 = 钢筋应变 + 混凝土的收缩应变

$w = l_c\varepsilon_{sm} + l_c\varepsilon'_{cs}$

图 6.6

普通光圆钢筋的最大裂缝间距取螺纹钢筋的 1.5 倍。螺纹钢筋的裂缝宽度小是因为其粘结力大、与混凝土的共同作用好。

设钢筋弹性模量为 E_s、钢筋拉应力为 σ_s，则 $\varepsilon_{sm}=\sigma_s/E_s$。因此，公式（6.1）可以用下式表示。

$$w=l_c(\varepsilon_{sm}+\varepsilon'_{cs})=l_c(\sigma_s/E_s+\varepsilon'_{cs}) \qquad (6.3)$$

3 受弯裂缝验算

受弯裂缝验算

受弯裂缝宽度 w 的计算公式

《混凝土规范（设计篇）》中规定，受弯裂缝宽度 w 用公式(6.4)计算。该公式的表达形式与公式(6.3)基本相同。公式中的钢筋应力 σ_{se} 用公式（6.5）求得的内力计算，该内力考虑了永久荷载和可变荷载。

$$w=k_1\{4c+0.7(c_s-\phi)\}\left(\frac{\sigma_{se}}{E_s}+\varepsilon'_{csd}\right) \tag{6.4}$$

$$S_e=S_p+k_2S_r \tag{6.5}$$

公式中各种符号的意义如下。

符号	意义	符号	意义
k_1	代表影响钢材粘结性能的常数。 一般情况下，螺纹钢筋取 1.0，普通光圆钢筋取 1.3		
k_2	考虑到永久荷载裂缝宽度和可变荷载裂缝宽度对钢材腐蚀的影响不同而确定的常数。 一般 k_2 可取 0.5		
c	保护层厚度（mm）	c_s	钢筋间距（mm）
ϕ	钢筋直径（mm）	σ_{se}	钢筋应力增加量（N/mm^2）
E_s	钢筋的弹性系数（N/mm^2）		
ε'_{csd}	考虑到混凝土的干燥收缩和徐变等会使裂缝宽度增加而确定的数值。ε'_{csd} 一般可取 150×10^{-6}		
S_p	永久荷载作用产生的内力	S_r	可变荷载作用产生的内力

裂缝验算就是确认由上式计算的裂缝宽度 w 是否满足小于以下所示容许裂缝宽度 w_a 的要求。

容许裂缝宽度 w_a

按照《混凝土规范（设计篇）》中的规定，钢筋锈蚀的环境条件分为三类，不同的环境类别有不同

的容许裂缝宽度 w_a。表 6.3 中列出了环境条件的划分方法，表 6.4 规定了对应于各种环境条件的容许裂缝宽度。

对钢筋锈蚀的环境条件划分　　表 6.3

一般环境	一般室外环境，土中环境等
腐蚀性环境	1.与一般环境比较干湿交替较多及地下水位以下含有有害物质的土中等对钢筋锈蚀产生有害影响的环境 2. 处在海水中的海洋混凝土结构，以及并不十分恶劣的海洋环境
严重腐蚀性环境	1. 对钢筋锈蚀有明显有害影响的环境 2. 处在潮汐带或浪潮带的海洋混凝土结构，以及有强烈海风作用的环境

容许裂缝宽度 w_a (mm)　　表 6.4

钢材种类	对钢材锈蚀产生不利影响的环境条件		
	一般环境	腐蚀性环境	严重腐蚀性环境
螺纹钢筋、普通钢筋	$0.005c$	$0.004c$	$0.0035c$
PC 钢	$0.004c$	—	—

例题 3　受弯裂缝验算

由图 6.7 可知，钢筋应力 σ_s=130N/mm²，对裂缝进行正常使用极限状态验算。

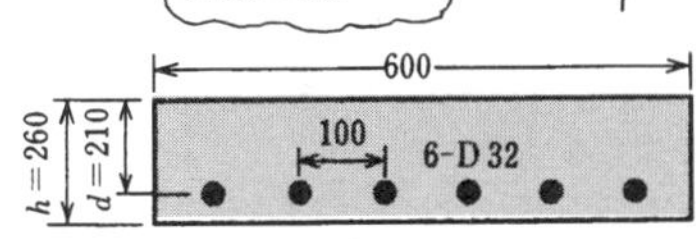

（单位：mm）

图 6.7

（解）　设 $\varepsilon'_{csd}=150\times10^{-6}$，$k_1=1$

保护层厚度：$c=h-d-\phi/2=260-210-32/2$
$=34$ mm

裂缝间距：$l_c=4c+0.7(c_s-\phi)$
$=4\times34+0.7\times(100-32)$
$=183.6$ mm

裂缝宽度：$w=k_1 l_c(\sigma/E_s+\varepsilon'_{csd})$

$$=1\times183.6\times\left(\frac{130}{200000}+150\times10^{-6}\right)$$

$=0.14$ mm

与容许裂缝宽度 w_a 比较，查表 6.4 得：

一般环境　$w_a=0.005c=0.005\times34=0.170\text{ mm}>w$……OK

腐蚀性环境　$w_a=0.004c=0.004\times34=0.136\text{ mm}<w$

严重腐蚀性环境　$w_a=0.0035c=0.0035\times34=0.119\text{ mm}<w$

因此，腐蚀性环境和严重腐蚀性环境时不能满足要求。

4 验算位移和变形

位移、变形验算

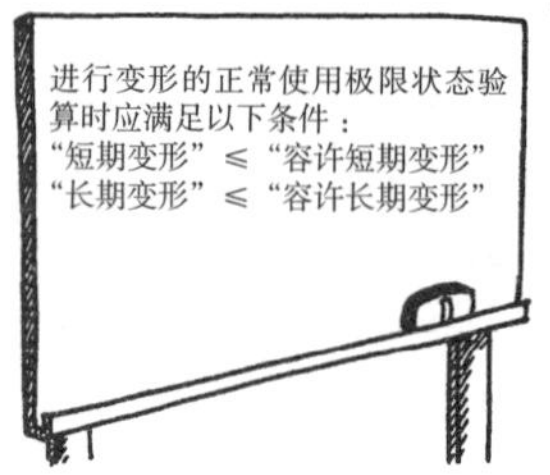

位移、变形验算

正常使用极限状态设计中，位移或变形的验算是指验算整体结构或构件的位移或变形是否会对结构功能、使用性能、耐久性能和美观造成有害影响。这里以非常具有代表性的混凝土梁构件为例讲解挠度（变形）的验算方法。

短期变形和长期变形

考虑挠度（变形）时应区分长期变形和短期变形，短期变形和长期变形的具体含义见表6.5。

短期变形和长期变形　　表6.5

短期变形	是指荷载作用下产生的瞬间变形，用弹性方法计算
长期变形	为永久荷载引起的短期变形和由混凝土的干燥收缩、徐变等原因引起的变形之和

短期变形的计算

受弯产生的挠度可以用弹性理论计算。图6.8中所列就是用弹性理论推导出的计算挠度和变形的公式。

荷载形式	计算挠度公式	最大挠度
跨中集中荷载 P（C点，x，$l/2$，$l/2$）	$\delta_x=\frac{Pl^3}{16EI}\cdot\frac{x}{l}-\frac{4}{3}\cdot\frac{x^3}{l^3}$ ……① 且 $x\leqslant\frac{l}{2}$	$\delta_c=\frac{Pl^3}{48EI}$ ……②
均布荷载 w（C点，x，$l/2$，$l/2$）	$\delta_x=\frac{wx}{24EI}(l^3-2lx^2+x^3)$ ……③	$\delta_c=\frac{5wl^4}{384EI}$ ……④
三角形分布荷载 w（x，l）	$\delta_x=\frac{wl^4}{360EI}\left(7\frac{x}{l}-10\frac{x^3}{l^3}+3\frac{x^5}{l^5}\right)$ ……⑤	$\delta_{max}=0.00652\times\frac{wl^4}{EI}$ $x=0.519l$ ……⑥

挠度除了用公式计算外，还可以用以下方法计算。
① 应用摩尔定理
② 用弹性方程式
$$\frac{d^2y}{dx^2}=\frac{M_x}{E_cI_e}$$
通过对公式右边项进行二次积分求得

图6.8　简支梁挠度的计算公式

由该式可以看出挠度的大小由 EI 决定，这里用 E_cI_e 表示。其中 E_c 表示混凝土弹性模量，I_e 表示换算截面惯性矩。根据混凝土构件有裂缝还是无裂缝，计算短期变形（挠度）采用的 I_e 值是不同的。

计算短期变形时使用的换算截面惯性矩 表 6.6

计算短期变形时的 I_e 取值	无裂缝时	采用全截面有效时的截面惯性矩 I_y $I_e=I_g$ （6.6）
	有裂缝时	$I_e=\left(\frac{M_{crd}}{M_{d\max}}\right)^3 I_g+\left\{1-\left(\frac{M_{crd}}{M_{d\max}}\right)^3\right\}I_{cr}\leq I_g$ （6.7） 式中 I_e：换算截面惯性矩 M_{crd}：截面产生裂缝时的临界弯矩，即混凝土的弯应力达到由公式（6.8）求得的、考虑了混凝土尺寸效应的抗拉强度 f_{tde} 时的弯矩。 $f_{tde}=k_1f_{tk}/\gamma_c$ （6.8） 式中 k_1=0.6/（$h^{1/3}$） h：构件截面高度（m） f_{tk}：混凝土抗拉强度特征值 γ_c=1.0 但应满足 $0.4\leqslant k_1\leqslant 1.0$ $M_{d\max}$：计算变形用最大弯矩设计值 I_g：全截面有效时的截面惯性矩 I_{cr}：不考虑混凝土拉应力的截面惯性矩

长期变形的计算

长期变形验算是验算在长期荷载作用下混凝土构件的变形。长期变形按下式计算，即取在永久荷载作用下的短期变形和短期变形乘以徐变系数之和。

$$\delta_l=(1+\varphi)\delta_{ep} \tag{6.9}$$

式中 δ_l：长期变形

φ：徐变系数

δ_{ep}：永久荷载作用下的短期变形

容许变形

容许变形是指，按照结构的种类和使用用途等对各类结构规定的容许变形临界值。确定容许变形时，除了考虑结构的种类、使用用途外，还应考虑荷载类型。

变形验算就是确认短期变形和长期变形是否在相应的容许变形之下。

5 计算挠度

挠度计算（1）

计算换算截面惯性矩 I_e

计算短期挠度先要计算换算截面惯性矩 I_e。为了计算 I_e，必须先按公式（6.6）、（6.7）计算 I_g 值和 I_{cr} 值。以下讲述 I_g 值和 I_{cr} 值的计算方法。

全截面有效时截面惯性矩 I_g 的计算

以图6.9中所示单筋矩形截面为例，将钢筋的面积 A_s 换算成具有同等强度的混凝土面积，该面积被称为**等效换算面积**。当钢筋和混凝土的应变 ε 相同时，混凝土的应力为钢筋应力的 $1/n$（$\varepsilon=\sigma'_c/E_c=\sigma_s/E_s$，$\therefore\ \sigma'_c=\sigma_s/n$），所以换算后的混凝土面积等于钢筋面积乘以 n。该面积在图6.9中用斜线表示。

计算时先求图6.9中所示截面的中和轴位置 x。

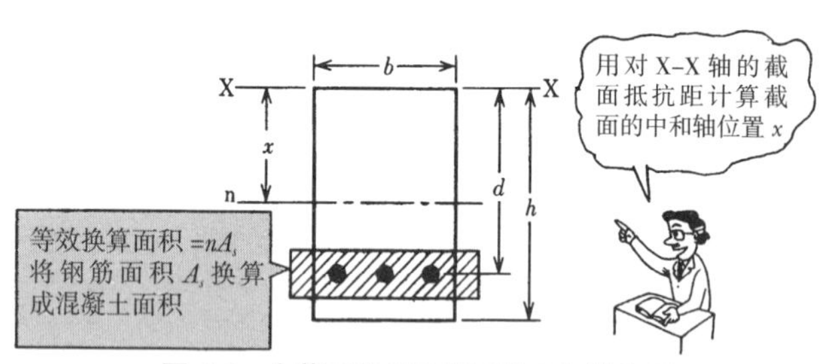

图6.9 全截面有效时截面的中和轴位置

对X–X轴的截面抵抗距：

$$bh\times\frac{h}{2}+nA_s\times d=(bh+nA_s)\times x$$

$$\therefore\quad x=\frac{bh^2/2+nA_sd}{bh+nA_s}\qquad(6.10)$$

然后计算对中和轴（n–n）的截面惯性矩 I_g。

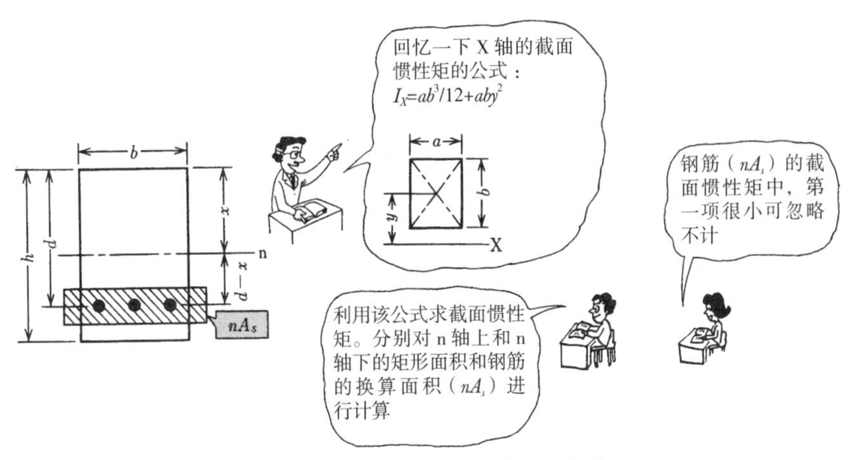

图 6.10　全截面有效时的换算截面惯性矩

参见图 6.10 推导出 Ig 的计算公式如下。

$$
\begin{aligned}
I_g &= \left\{\frac{bx^3}{12}+bx\left(\frac{x}{2}\right)^2\right\}+\left\{\frac{b(h-x)^3}{12}+b(h-x)\left(\frac{h-x}{2}\right)^2\right\} \\
&\quad +nA_s(d-x)^2 \\
&=\frac{bx^3}{3}+\frac{b(h-x)^3}{3}+nA_s(d-x)^2
\end{aligned}
\tag{6.11}
$$

不考虑受拉区时换算截面惯性矩 I_s 的计算

不考虑受拉区混凝土时，计算中和轴的位置 x 采用第 3 章图 3.6 中所示公式。将公式(3.2）代入公式（3.3)，整理后得到 x 的计算公式。

$$x=\sqrt{2\,nA_sd/b+(nA_s/b)^2}-nA_s/b \tag{6.12}$$

然后计算对中和轴（n–n）的截面惯性矩 I_{cr}。删除公式（6.11）中相当于混凝土受拉区截面惯性矩的第二项得到 I_{cr} 的计算公式，如下所示。

$$I_{cr}=\frac{bx^3}{3}+nA_s(d-x)^2 \tag{6.13}$$

6 计算挠度

挠度计算（2）

例题 4 计算挠度

如图 6.11 中所示单筋矩形截面梁，设计荷载（包括自重）为 w=60kN/m 的均布荷载，求跨中挠度。已知：混凝土强度标准值：f'_{ck}=21N/mm^2，材料系数 γ_c=1.3。

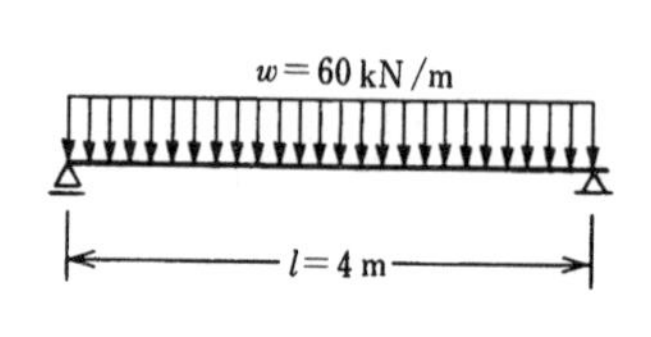

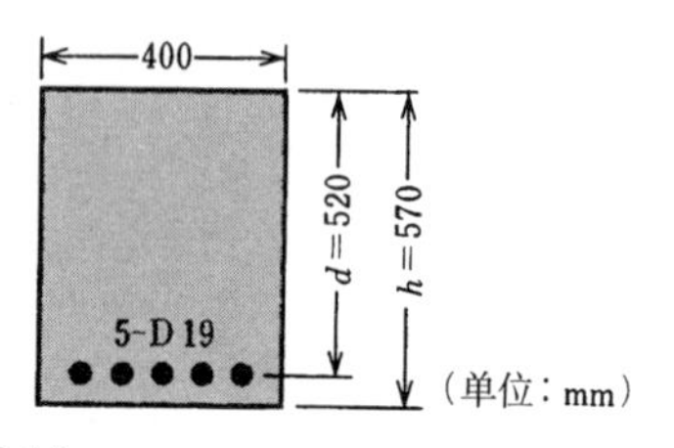

图 6.11

（解） 挠度的计算过程如表 6.7 中所示。

表 6.7

计算内容	计算过程
①计算中需要的各参数	[钢筋量 A_s] 查表 3 得：A_s=14.33cm^2=1433mm^2 [弹性模量比 n] 已知 f'_{ck}=21 N/mm^2，查表 6.2 进行插值计算得 n=8.55。 [混凝土抗拉强度设计值 f_{tde}] 截面的尺寸效应系数 k_1，混凝土的抗拉强度特征值 f_{tk}，材料系数 γ_c=1.0，考虑了截面尺寸效应的混凝土抗拉强度设计值 f_{tde} 按照公式 6.8 计算。则： $k_1=0.6/0.57^{1/3}=0.724$ $f_{tk}=0.23f'^{2/3}_{ck}=0.23\times21^{2/3}=1.75$ N/mm^2 $f_{tde}=k_1f_{tk}/\gamma_c=0.724\times1.75/1.0=1.27$ N/mm^2

全截面有效时	② 中和轴位置 x	按照公式（6.10）得： $x=\frac{bh^2/2+nA_sd}{bh+nA_s}$ $=\frac{400\times570^2/2+8.55\times1433\times520}{400\times570+8.55\times1433}=297.5\text{ mm}$
	③ 截面惯性矩 I_g	按照公式（6.11）得： $I_g=\frac{bx^3}{3}+\frac{b(h-x)^3}{3}+nA_s(d-x)^2$ $=\frac{400\times297.0^3}{3}+\frac{400\times(570-297.0)^3}{3}+8.55\times1433$ $\times(520-297.0)^2$ $=6.82\times10^9\text{ mm}^4$
无视抗拉侧混凝土时	④ 中和轴位置 x	按照公式（6.12）得： $x=\sqrt{2nA_sd/b+(nA_s/b)^2}-nA_s/b$ $=\sqrt{2\times8.55\times1433\times520/400+(8.55\times1433/400)^2}-8.55$ $\times1433/400$ $=150.5\text{ mm}$
	⑤ 截面惯性矩 I_{cr}	按照公式（6.13）得： $I_{cr}=\frac{bx^3}{3}+nA_s(d-x)^2$ $=\frac{400\times150.5^3}{3}+8.55\times1433\times(520-150.5)^2$ $=2.13\times10^9\text{ mm}^4$
⑥ 混凝土受弯应力达到抗拉强度设计值 f_{tde} 时的弯矩 M_{crd}		$M_{crd}=\frac{f_{tde}I_g}{h-x}$ $=\frac{1.27\times6.82\times10^9}{570-297.5}$ $=3.18\times10^7\text{ N·mm}$
⑦ 最大弯矩设计值 $M_{d\max}$		$M_{d\max}=\frac{wl^2}{8}=\frac{60\times4^2}{8}=120\text{ kN·m}=1.2\times10^8\text{ N·mm}$
⑧ 计算变形用换算截面惯性矩 I_e		按照公式（6.7）得： $I_e=\left(\frac{M_{crd}}{M_{d\max}}\right)^3I_g+\left\{1-\left(\frac{M_{crd}}{M_{d\max}}\right)^3\right\}I_{cr}$ $=\{3.18\times10^7/(1.2\times10^8)\}^3\times6.82\times10^9$ $+\{1-(3.18\times10^7/(1.2\times10^8))^3\}\times2.13\times10^9$ $=2.217\times10^9\text{ mm}^4<I_g\ (=6.82\times10^9\text{ mm}^4)$
⑨ 最大挠度值 δ		挠度计算采用图 6.8 中所示公式，另查表 1.4，通过插值计算求得 $E_c=2.35\times10^4\text{ N/mm}^2$，则得： $\delta=\frac{5}{384}\frac{wl^4}{E_cI_e}=\frac{5\times60\times4000^4}{384\times2.35\times10^4\times2.217\times10^9}$ $=3.8\text{ mm}$

第6章 问题

〔问题1〕 请回答以下问题。

(1) 什么是正常使用极限状态?

(2) 正常使用极限状态验算的主要内容有哪些?

(3) 对受弯裂缝宽度 w 进行正常使用极限状态验算时，主要应考虑两方面的影响。请问是哪两方面的影响?

〔问题2〕 如图6.12中所示直墙护壁，已知弯矩设计值 M_e 考虑了永久荷载（土压）和可变荷载（堆载），对a–a截面进行正常使用极限状态（裂缝宽度）验算。已知 $k_2=0.5$；$f'_{ck}=21\text{N/mm}^2$，腐蚀的环境条件为“一般环境”，土压及堆载的土压分布如下图所示。

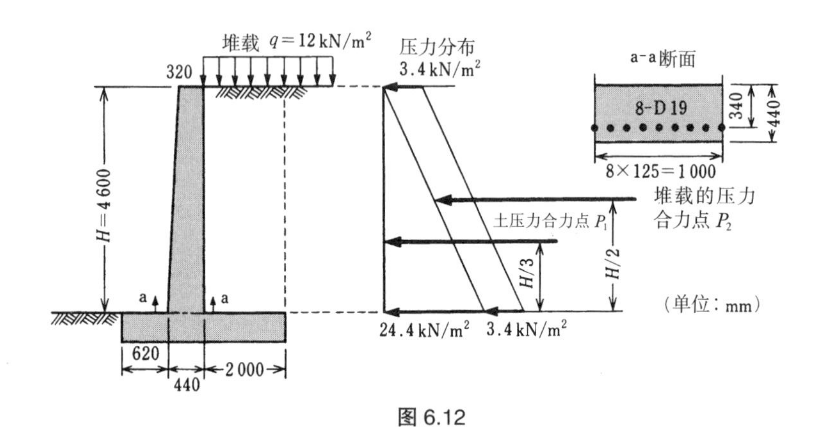

图6.12

〔问题3〕 如图6.13中所示简支梁，受 P=250kN 的集中荷载作用，求梁的短期挠度。已知：混凝土强度标准值：$f'_{ck}=30\text{N/mm}^2$，忽略自重的影响。

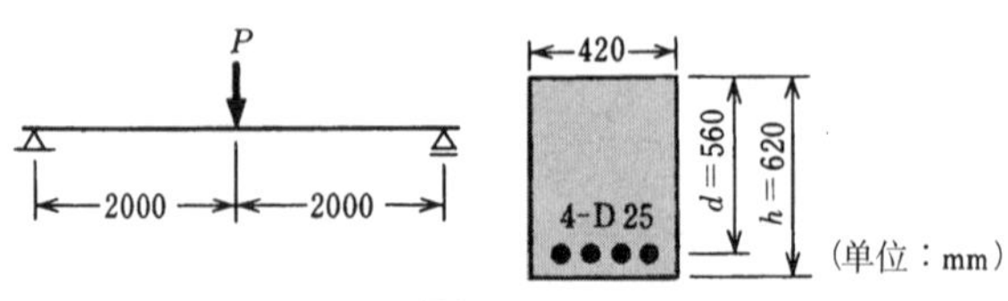

图6.13

第7章　疲劳极限状态验算

本章学习**疲劳**。图7.1表示某梁受重复外荷载作用时的几种状态。图7.1（a）中梁没有发生破坏（外力小于破坏荷载）。然而当该外力多次反复作用后，该梁达到极限状态（图7.1（b）），最后发生破坏（图7.1（c））。也就是说外荷载即使远小于静力破坏荷载，但经过反复作用也会使梁发生破坏，这种破坏被称为**疲劳破坏**，这种状态被称为**疲劳破坏状态**。

循环应力（内力）S与达到疲劳破坏时的循环次数N的关系见图7.2。可以看出，循环次数越多发生疲劳破坏时的应力S越小，反之，应力越大发生疲劳破坏时的循环次数越少。钢筋混凝土梁的**疲劳极限状态验算**有以下两种方法。

（1）应力或内力方法

（2）等效循环次数方法

第2种方法将在本章③和④中、第1种方法将在⑥～⑨中通过具体例题详细讲解。

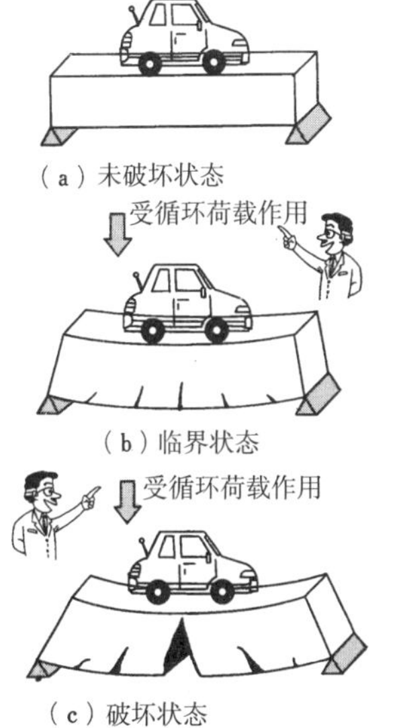

图7.1

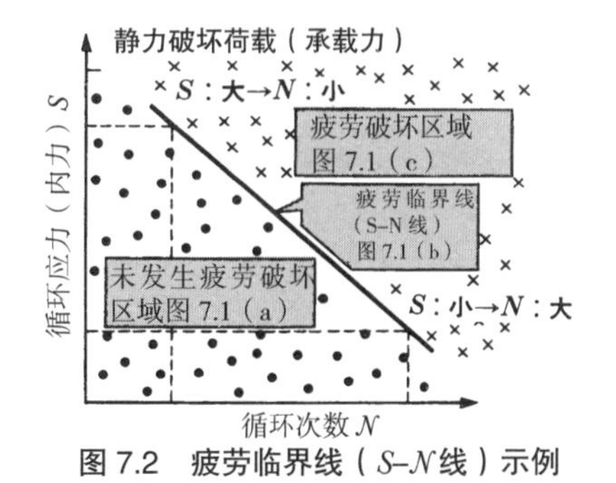

图7.2　疲劳临界线（S–N线）示例

1 疲劳验算前的准备

进行疲劳验算之前需了解的事项

必要条件

验算结构的疲劳极限状态安全性必须了解以下事项。

（1）疲劳荷载（变幅循环荷载）及循环次数（作用频度）

（2）安全性验算方法

（3）钢筋与混凝土的疲劳寿命 N

（4）响应分析（由疲劳荷载作用产生的变幅应力（内力）的计算方法）

怎样确定变幅荷载？

如表1.9中所述，变幅荷载是指荷载随机变动或连续发生、其变化幅度与平均值比较不能忽略的荷载。比如作用在**桥梁**上的交通流量和运行次数随机变化的机动车或列车的反复荷载，**海洋构筑物**中波浪冲击的反复荷载。

一般情况下，土木构筑物所受的变幅荷载是指不规则变动的荷载，计算时应先将其换算成**等效常幅荷载的循环次数**。荷载的换算方法（在此不详细叙述），铁路桥时采用 **Range Pair 法**，海洋构筑物中对波浪荷载的评价采用**上跨零点法**。

验算对象

变幅荷载在荷载中所占比例及作用频度大时必须进行疲劳验算。需要进行疲劳验算的对象除受循环拉应力作用的钢材外，还有混凝土、抗剪钢筋及构件等。梁、板、柱的疲劳验算内容如下所示。

梁　：弯矩和剪力
楼板：弯矩和冲切力
柱　：当弯矩或轴向拉力的影响特别大时，按照梁的方法验算（一般情况下可省略）

安全性验算方法

疲劳极限状态下的安全性验算主要有以下两种方法（验算过程见本章2）。

（1）**应力或内力方法**（主要用于桥梁等构筑物）

（2）**循环次数方法**（主要用于海洋建筑物）

具体验算方法见表 7.1。表中的**等效循环次数**的方法将在本章2～4中详细讲解。

安全性验算方法 表 7.1

<table>
<tr><th>验算方法</th><th>对象</th><th>安全性验算（安全条件）</th><th>符号说明</th></tr>
<tr><td rowspan="2">(1) 应力或内力安全性验算方法</td><td rowspan="2">桥梁等构筑物</td><td>用变幅应力进行疲劳极限状态验算
$\frac{\gamma_i \sigma_{rd}}{f_{rd}/\gamma_b} \leqslant 1.0$ （7.1）</td><td>γ_i：结构系数，σ_{rd}：变幅应力设计值
$f_{rd}=f_{rk}/\gamma_m$：疲劳强度设计值
f_{rk}：材料的疲劳强度特征值，γ_m：材料系数
γ_b：构件系数（1.0~1.1）</td></tr>
<tr><td>用变幅疲劳截面内力进行疲劳极限状态验算
$\frac{\gamma_i S_{rd}}{R_{rd}} \leqslant 1.0$ （7.2）</td><td>γ_i：结构系数 $S_{rd}=\gamma_a S_r(F_{rd})$：变幅疲劳截面内力设计值
γ_a：结构分析系数 $S_r(F_{rd})$：由变幅荷载设计值 F_{rd} 计算得到的变幅疲劳截面内力
$R_{rd}=R_r(f_{rd})/\gamma_b$：疲劳承载力设计值
$R_r(f_{rd})$：由材料的疲劳强度设计值 f_{rd} 计算得到的构件截面的疲劳承载力
γ_b：构件系数（1.0~1.1）</td></tr>
<tr><td rowspan="9">(2) 循环次数安全性验算方法</td><td>海洋构筑物</td><td>适用 Miner 法则（疲劳累计损伤法则）
$M=\sum_{i=1}^{m} R_i=\sum_{i=1}^{m}\frac{n_i}{N_i} \leqslant 1.0$ （7.3）</td><td>M：疲劳损伤度（累计次数比）
$R_i=n_i/N_i$：一定振幅的循环次数 n_i 与其振幅的疲劳寿命 N_i 的比值，表示损伤度</td></tr>
<tr><td colspan="3">等效循环次数 N 的计算方法（适用 Miner 法则（参见图 7.4））</td></tr>
<tr><td>材料</td><td>计算公式</td><td>符号说明</td></tr>
<tr><td rowspan="3">钢筋</td><td colspan="2">当构件截面的承载力由钢材的疲劳强度决定，且 S–N 线的斜率可用公式（1.7）计算时，对应于变幅疲劳截面内力设计值 S_{rd} 的等效循环次数 N 为</td></tr>
<tr><td>①对于弯矩（M_{rd}、M_{ri}）
$N=\sum_{i=1}^{m} n_i\left(\frac{M_{ri}}{M_{rd}}\right)^{\frac{1}{k}}$ （7.4）</td><td rowspan="2">k：表示钢筋 S–N 线斜率的常数，参见第 1 章3
V_{pd}：由永久荷载计算的剪力设计值
V_{cd}：无抗剪钢筋杆件的受剪承载力设计值
k_2：变幅荷载频度影响系数，一般可取 0.5</td></tr>
<tr><td>②对于剪力（V_{rd}、V_{ri}）
$N=\sum_{i=1}^{m} n_i\left[\frac{V_{ri}}{V_{rd}}\cdot\frac{V_{ri}+V_{pd}-k_2 V_{cd}}{V_{rd}+V_{pd}-k_2 V_{cd}}\right]^{\frac{1}{k}}$ （7.5）</td></tr>
<tr><td rowspan="2">混凝土</td><td colspan="2">当构件的截面承载力由混凝土的疲劳强度决定，且疲劳强度设计值可用公式（1.5）计算时，对应于变幅疲劳截面内力设计值 S_{rd} 的等效循环次数 N 为</td></tr>
<tr><td>$N=\sum_{i=1}^{m} n_i \cdot 10^{\frac{K}{k_1 \cdot S_d}(S_{ri}-S_{rd})}$ （7.6）</td><td>S：达到应力 f_d 时的截面内力
k_1，f_d，K：参见第 1 章2</td></tr>
</table>

2 两种验算方法

安全性验算方法

应力或截面内力的方法

如本章1中所述，该方法用于桥梁等构筑物。

如图 7.3 中的设计步骤所示，首先“**假定使用年限中循环次数为一定**”，用公式（1.7）计算钢筋、用公式（1.5）计算混凝土对应于循环次数的“**疲劳强度**”（**疲劳承载力**）。

然后比较疲劳强度（或疲劳承载力）和由变幅荷载引起的结构内的**变幅应力**（或**变幅内力**），验算其安全性。这里钢筋应力和混凝土应力的计算采用第 6 章介绍的**正常使用极限状态验算**中的基于**弹性理论**的方法。

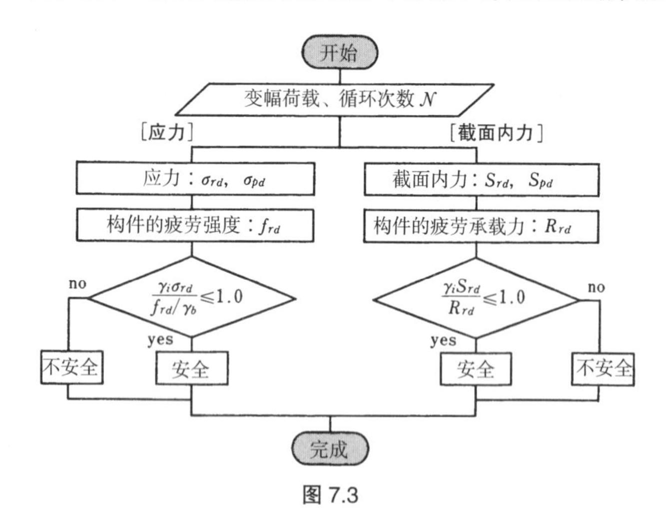

图 7.3

循环次数方法

如本章1中所示，该方法用于**海洋构筑物**等。

如图 7.4 中的设计流程所示，首先**假定循环“应力”或“内力”为一定**，用公式（7.5）计算钢筋、用公式（7.4）计算混凝土对应于应力（或内力）的**循环次数（疲劳寿命）**。

然后比较疲劳寿命和结构使用寿命期间的循环次数，验算其安全性。

为此，疲劳分析时，是计算结构在多大的应力（或内力）时循环多少次，即通过计算**等效循环次数**来判断结构是否发生疲劳破坏。也就是说用**疲劳累积损伤法则**（或 **Miner 法则**）（当 $M=\sum(n_i/N_i)=1$ 时发生疲劳破坏）作为判断标准。

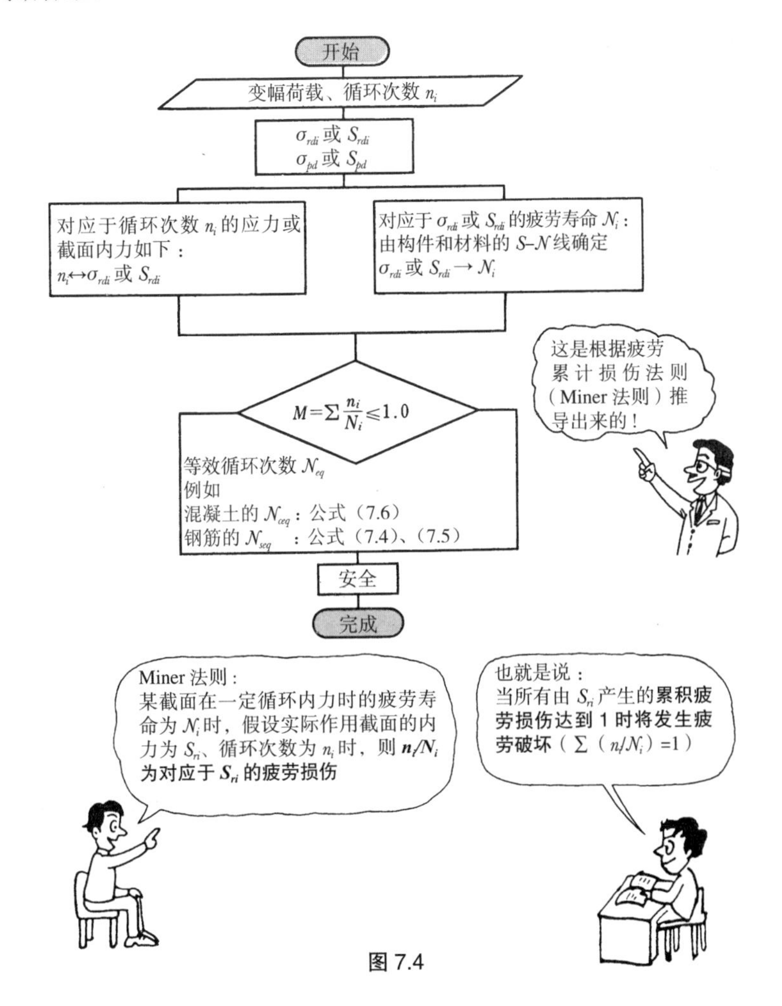

图 7.4

3 在荷载的反复作用下，钢筋也会…

等效循环次数方法(1)

等效循环次数验算例题

钢筋混凝土中，钢筋的疲劳破坏和混凝土的受压疲劳破坏受钢筋和混凝土的 S–N 曲线形状的影响。由于两者的曲线形状不同，应分别进行计算。

在本节和本章的4中，将用具体例题分别讲解钢筋和混凝土的等效循环次数安全性验算方法。

例题 1　计算钢筋疲劳验算中所需要的等效循环次数

单筋矩形截面梁，梁宽 b=950mm，有效高度 d=500mm，使用钢筋 8 根 ϕ32（SD35），f'_{ck}=24N/mm^2，将变幅荷载作用产生的弯矩换算为 200kN·m 时，计算**钢筋疲劳验算时需要的等效循环次数 N_{seq}**。

已知：永久荷载作用产生的弯矩 M_D 和变幅荷载作用产生的弯矩 M_i 及对应的循环次数如下：

M_D=100kN·m　M_1=100kN·m，n_1=10^8 次　M_2=150kN·m，n_2=10^7 次

M_3=200kN·m，n_3=10^6 次　M_4=250kN·m，n_4=10^5 次

安全系数：γ_c=1.3，γ_s=1.0，γ_b=1.1，γ_a=1.0，γ_i=1.0

钢筋的疲劳强度设计值用第 1 章的公式（1.7）计算。

（解）首先按照图 7.4 的设计流程汇总出等效循环次数的计算过程，如图 7.5 所示。本例题按照图 7.5 中钢筋栏的流程依次进行计算。与本例题对应的等效循环次数 N_{eq} 用公式（7.7）表示。

$$N_{eq}=N_3\Sigma\left(\frac{n_i}{N_i}\right)=\Sigma\left\{n_i\left(\frac{N_3}{N_i}\right)\right\} \tag{7.7}$$

将计算钢筋疲劳强度的公式（1.7）转换成 N 的表达式，然后代入上式，

整理后得到等效循环次数 N_{eq} 的计算公式（7.4）。

利用上述结果并按照图 7.5 中的设计流程进行计算，计算的具体过程见表 7.2。

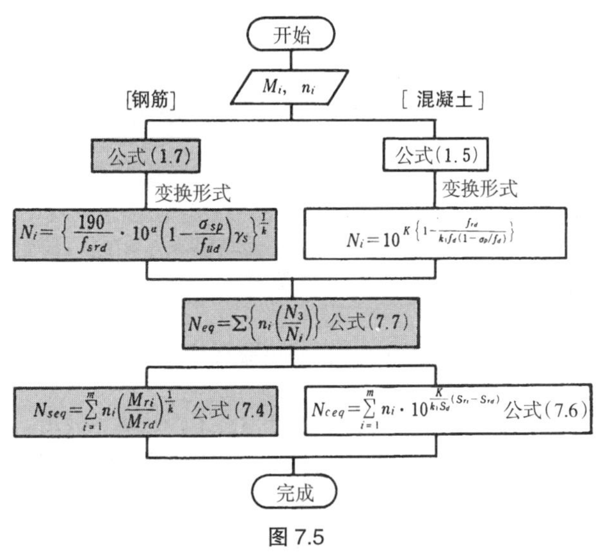

图 7.5

表 7.2

计算内容	适用的公式或附录	计算公式	计算值	使用值
循环次数 n_i	已知	n_1~n_4		10^8~10^5 次
$\frac{N_3}{N_i}$ 的展开	变换公式（1.7）的形式。因为钢筋应力与弯矩成正比，所以	$\frac{N_3}{N_i}=\left\{\frac{190(1-\sigma_{spd}/f_{ud})10^a/\sigma_{s3}}{190(1-\sigma_{spd}/f_{ud})10^a/\sigma_{si}}\right\}^{1/k}$ $=\left(\frac{\sigma_{si}}{\sigma_{s3}}\right)^{1/k}$ $=\left(\frac{M_i}{M_3}\right)^{1/k}$		
等效循环次数 N_{eq}	由以上结果和公式（7.4）得	$N_{seq}=\sum n_i\left(\frac{N_3}{N_i}\right)$ $=\sum n_i\left(\frac{M_i}{M_3}\right)^{1/k}$ $=n_1\left(\frac{M_1}{M_3}\right)^{1/k}+n_2\left(\frac{M_2}{M_3}\right)^{1/k}$ $+n_3\left(\frac{M_3}{M_3}\right)^{1/k}+n_4\left(\frac{M_4}{M_3}\right)^{1/k}$	$=10^8\times\left(\frac{100}{200}\right)^{1/0.12}$ $+10^7\times\left(\frac{150}{200}\right)^{1/0.12}$ $+10^6\times\left(\frac{200}{200}\right)^{1/0.12}$ $+10^5\times\left(\frac{250}{200}\right)^{1/0.12}$ $=2.86\times10^6$	2.86×10^6 次

4

等效循环次数方法(2)

在循环荷载作用下，混凝土也会…

例题2 计算混凝土受压疲劳破坏验算中所需要的等效循环次数

单筋矩形截面梁的设计条件与例题1相同。将变幅荷载作用产生的弯矩换算为200kN·m时，计算**混凝土**疲劳破坏验算时需要的等效循环次数 N_{ceq}。

永久荷载作用产生的弯矩 M_D 和变幅荷载作用产生的弯矩 M_i 及对应的循环次数等设计条件与例题1相同。

混凝土的疲劳强度设计值用第1章的公式（1.5）求得。

（解） 计算过程与本章③节中的例题1相同。等效循环次数按照图7.6中混凝土栏中的流程依次进行计算。

先将计算混凝土疲劳强度设计值的公式（1.5）转换成 N 的表达式，然后代入公式（7.7），整理后得到等效循环次数 N_{eq} 的计算公式（7.8）。

利用上述结果并按照图7.6中的设计流程计算，计算的详细过程见表7.3。

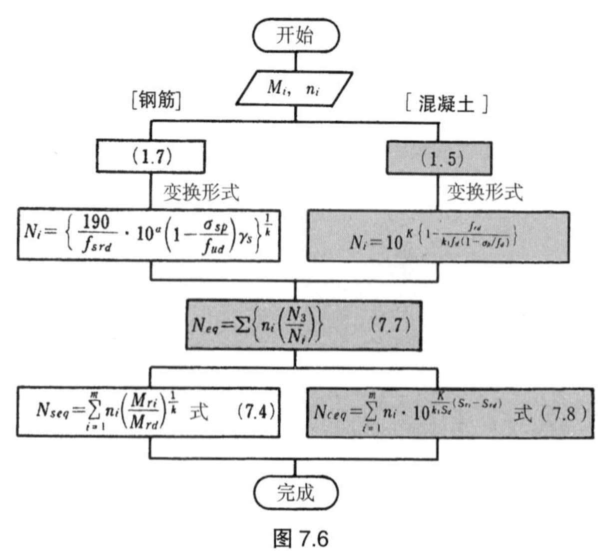

图7.6

表 7.3

计算内容	适用的公式或附录	计算公式	计算值	使用值
循环次数 n_i	已知	$n_1 \sim n_4$		108~105 次
弹性模量比 n	由表 6.2	$n=E_s/E_c=200/25=8.0$		8.0
纵向受拉钢筋配筋率 p	由图 3.6	$p=\dfrac{A_s}{bd}$	$=\dfrac{6\,354}{950\times500}=0.01338$	0.01338
k	由公式 3.2	$k=-np+\sqrt{(np)^2+2\,np}$	$=-8.0\times0.01338+\sqrt{(8.0\times0.01338)^2+2\times8.0\times0.01338}$ $=0.368$	0.368
j	由公式 3.7	$j=1-\dfrac{k}{3}$	$=1-\dfrac{0.368}{3}=0.877$	0.877
由变幅荷载作用产生的压应力 σ'_{c1}	由公式（3.9） 因为变幅荷载作用产生的压应力与弯矩成正比，因此	$\sigma'_{c1}=\dfrac{3}{4}\times2\times\dfrac{M_1}{kjbd^2}$	$=\dfrac{3}{4}\times2\times\dfrac{100\times10^6}{0.368\times0.877\times950\times500^2}$ $=1.957$	1.957 N/mm²
σ'_{c2}		$\sigma'_{c2}=\sigma'_{c1}\times\dfrac{M_2}{M_1}$	$=1.957\times\dfrac{150}{100}=2.936$	2.936 N/mm²
σ'_{c3}		$\sigma'_{c3}=\sigma'_{c1}\times\dfrac{M_3}{M_1}$	$=1.957\times\dfrac{200}{100}=3.914$	3.914 N/mm²
σ'_{c4}		$\sigma'_{c4}=\sigma'_{c1}\times\dfrac{M_4}{M_1}$	$=1.957\times\dfrac{250}{100}=4.839$	4.839 N/mm²
k_1	由第 1 章2			0.85
由永久荷载作用产生的压应力 f'_{cd}	由表 1.2			18.5 N/mm²
σ'_{cp}		$\sigma'_{cp}=\dfrac{3}{4}\times2\times\dfrac{M_D}{kjbd^2}$	$=\dfrac{3}{4}\times2\times\dfrac{10\times10^6}{0.368\times0.877\times950\times500^2}$	1.957 N/mm²
σ'_d	由公式 7.8（转换公式（1.5）的表达形式，参考公式（7.6））	$\sigma_d=k_1f'_{cd}\left(1-\dfrac{\sigma'_{cp}}{f'_{cd}}\right)$	$=0.85\times18.5\times\left(1-\dfrac{1.957}{18.5}\right)=14.06$	14.06 N/mm²
$\dfrac{N_3}{N_i}$的展开		$\dfrac{N_3}{N_i}=10^{\frac{K}{k_1\sigma_d}(\sigma'_{ci}-\sigma'_{c3})}$	$=10^{\frac{17}{14.06}(\sigma'_{ci}-3.914)}$	
等效循环次数 N_{ceq}	由以上结果和公式（7.8）	$N_{ceq}=\sum n_i\left(\dfrac{N_3}{N_i}\right)$ $=n_1\left(\dfrac{N_3}{N_1}\right)+n_2\left(\dfrac{N_3}{N_2}\right)+n_3\left(\dfrac{N_3}{N_3}\right)$ $+n_4\left(\dfrac{N_3}{N_4}\right)$	$=10^8\times10^{17(1.957-3.914)/14.06}+10^7\times10^{17(2.936-3.914)/14.06}$ $+10^6\times10^{17(3.914-3.914)/14.06}+10^5\times10^{17(4.839-3.914)/14.06}$ $=3.40\times10^6$	3.4×10^6 次

5 疲劳强度是…？

混凝土的疲劳强度和钢筋的疲劳强度

疲劳强度 在第1章的材料及其性质中讲解了钢筋的疲劳强度和混凝土的疲劳强度，为了便于理解对其内容进行了归纳整理，见表7.4。本章⑤讲解疲劳强度的计算方法，以此为基础，⑥中讲解梁受弯疲劳的验算方法。

混凝土和钢筋的疲劳强度 表7.4

	计算公式	符号说明
混凝土的疲劳强度设计值	$f_{rd}=k_1 f_d(1-\sigma_p/f_d)\times\left(1-\frac{\log N}{K}\right)$ （1.5） 此时，N（疲劳寿命）$\leqslant 2\times10^6$	f_d：混凝土强度设计值 K：普通混凝土系数。当经常处于水饱和状态和轻集料混凝土时取10，其他情况取17 k_1：受压和压弯时取0.85，受拉和拉弯时取1.0 σ_p：由永久荷载引起的混凝土应力。受往复荷载作用时取0
钢筋的疲劳强度设计值	$f_{srd}=190\times\frac{10^a}{N^k}\left(1-\frac{\sigma_{sp}}{f_{ud}}\right)/\gamma_s$ （1.7） 此时，N（疲劳寿命）$\leqslant 2\times10^6$	f_{ud}：钢筋抗拉强度设计值 γ_s：钢筋的材料系数，一般可取1.05 a，k：原则上应由试验确定，当$N\leqslant 2\times10^6$时也可按下式计算 $a=k_0$（$0.82-0.003\ \phi$） $k=0.12$ 式中，ϕ：钢筋直径 k_0：系数，一般取1.0

例题3 计算钢筋的疲劳强度

单筋矩形截面梁截面与例题1相同，计算钢筋的疲劳强度。

永久荷载作用产生的弯矩M_D=100kN·m及安全系数等其他设计条件与例题1相同。

（解）钢筋的疲劳强度按照表(7.4)的公式(1.7)计算。计算过程见表7.5。

表 7.5

计算内容	适用的公式或附录	计算公式	计算值	使用值
k_0 公称直径 ϕ a	查附表 3 得 ϕ32 的公称直径为 31.8mm，由表 7.4	$a=k_0(0.82-0.003\phi)$	$=1.0\times(0.82-0.003\times 31.8)=0.725$	1.0 31.8 mm 0.725
$N(=N_{seq})$	由例题 1 的解			2.86×10^6 次
σ_{sp}	用公式（3.11）计算，采用例题 2 中的 j 值	$\sigma_{sp}=\dfrac{M_D}{A_s jd}$	$=\dfrac{10\times10^6}{6354\times0.877\times500}=35.89$	35.89 N/mm²
γ_s f_{uk} f_{ud}	查表（4.1） 查表（1.3）	$f_{ud}=\dfrac{f_{uk}}{\gamma_s}$	$=\dfrac{490}{1.05}=467$	1.05 490 N/mm² 467 N/mm²
钢筋的疲劳强度 f_{srd}	由公式（1.7）	$f_{srd}=190\dfrac{10^a}{N^k}\left(1-\dfrac{\sigma_{sp}}{f_{ud}}\right)\Big/\gamma_s$	$=190\times\dfrac{10^{0.725}}{(2.86\times10^6)^{0.12}}\times\left(1-\dfrac{35.89}{490}\right)\Big/1.05=148$	148 N/mm²

例题 4　计算混凝土的疲劳抗压强度

单筋矩形截面梁的截面与例题 1 相同。计算混凝土的疲劳抗压强度。永久荷载作用产生的弯矩及安全系数等其他设计条件与例题 1 相同。

（解）混凝土的疲劳抗压强度用表（7.4）中的公式（1.5）计算。计算过程见表 7.6。

表 7.6

计算内容	适用的公式或附录	计算公式	计算值	使用值
k_1 f'_{cd} σ'_{cp}	由表 7.4 由表 7.3 由表 7.3			0.85 18.5 N/mm² 1.957 N/mm²
$N(=N_{ceq})$	由例题 2 的解			3.40×10^6 次
混凝土的疲劳抗压强度 f'_{crd}	公式（1.5）	$f'_{crd}=k_1 f'_{cd}\left(1-\dfrac{\sigma'_{cp}}{f'_{cd}}\right)\left(1-\dfrac{\log N}{K}\right)$	$=0.85\times18.5\times\left(1-\dfrac{1.957}{18.5}\right)\times\left(1-\dfrac{\log(3.40\times10^6)}{17}\right)=8.65$	8.65 N/mm²

6 受弯疲劳是指…？

梁的受弯疲劳

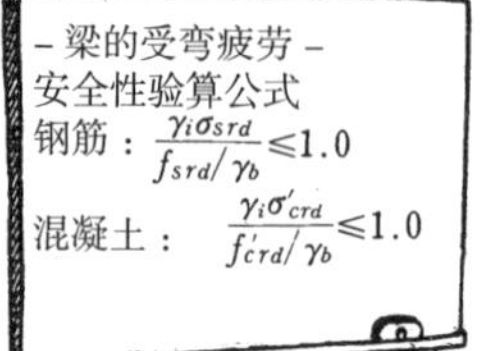

受弯疲劳　将钢筋混凝土梁在弯矩的反复作用下发生的破坏称作**受弯疲劳破坏**。梁的受弯疲劳破坏发生的直接原因是钢筋发生疲劳破坏或混凝土发生疲劳破坏。两者的疲劳强度由所受应力的大小决定。因此构件中产生的应力（或内力）可以用作用于构件上的疲劳荷载（变幅荷载）计算。

梁的受弯疲劳验算　　**表 7.7**

	安全性验算	符号说明
纵向受拉钢筋的疲劳破坏	$\frac{\gamma_i M_{rd}}{M_{srd}}$ 1.0　（7.9） 或 $\frac{\gamma_i \sigma_{srd}}{f_{srd}/\gamma_b} \leq 1.0$　（7.10） [受拉钢筋疲劳破坏时的截面疲劳承载力] $M_{srd} = A_s f_{srd} z / \gamma_i$　（7.11） 式中，A_s：纵向受拉钢筋面积 f_{srd}：钢筋的疲劳强度设计值 z：应力中心间距离 应不大于承载力极限状态验算时的值	M_{rd}：由疲劳设计荷载产生的弯矩设计值 $=\gamma_a(F_{rd})$ σ_{srd}：由疲劳设计荷载产生的钢筋应力 $=M_{rd}/(A_s z)$ γ_i：结构系数，一般取 1.0~1.1 γ_a：结构分析系数，一般取 1.0 γ_b：构件系数，一般取 1.0~1.1
受压混凝土的疲劳破坏	$\frac{\gamma_i \sigma'_{crd}}{f'_{crd}/\gamma_b} \leq 1.0$　（7.12） [矩形应力图时的混凝土应力] 单筋矩形截面时： $\sigma'_{crd} = (3M_{rd})/(2bxz)$ 式中，M_{rd}：疲劳设计荷载作用产生的弯矩 b：截面宽度 x：受压区到中和轴的距离 z：$d-x/3$，d：有效高度	f'_{crd}：混凝土的单轴疲劳抗压强度设计值 $=0.85 f'_{cd}(1-\sigma'_{cp}/f'_{cd})$ $\times(1-\log N/K)$ σ'_{crd}*：矩形应力图与三角形分布的应力合力点位置相同时的应力。 K：常数，一般取 17

* σ'_{crd}：（由疲劳设计荷载引起的弯矩 M_{rd} 作用时受压区混凝土的应力为 σ'_c，则：
长方形截面时　：$\sigma'_{crd} = (3/4)\sigma'_c$
T 形截面时　　：$\sigma'_{crd} = (3/4)[(2-t/x)^2/(3-2t/x)]\sigma'_c$
圆形截面时　　：$\sigma'_{crd} = (0.67\sim0.68)\sigma'_c$

对受拉钢筋和混凝土的疲劳验算流程进行了整理，其结果见表 7.7。验算中的钢筋和混凝土的应力计算与正常使用极限状态的验算一样采用弹性理论。

例题 5　验算截面的受弯疲劳安全性

单筋矩形梁的截面与例题 1 相同。进行截面的受弯疲劳验算（**钢筋的疲劳验算和混凝土的疲劳验算**）。

（解） 采用例题 3 和例题 4 中的各疲劳强度，验算表 7.7 中的钢筋公式（7.10）和混凝土公式（7.12）是否成立。验算具体过程见表 7.8 和表 7.9。

钢筋的疲劳验算　　表 7.8

计算内容	适用的公式或附录	计算公式	计算值	使用值
验算是否满足公式：$(\gamma_i\sigma_{srd})/(f_{srd}/\gamma_b) \leqslant 1.0$				
f_{srd}	由例题 3 的解			148N/mm^2
γ_b	按照表 4.1 取 1.1			1.1
γ_i	按照表 4.1 取 1.1			1.1
σ_{srd}	由公式（3.11）	$\sigma_{srd}=\frac{M_3}{A_s jd}$	$=\frac{200\times10^6}{6354\times0.877\times500}$ $=71.8$	71.8N//mm^2
$(\gamma_i\sigma_{srd})/(f_{srd}/\gamma_b)=1.1\times71.8/(148/1.1)=0.59<1.0$ 因此是安全的。				

混凝土的受压疲劳验算　　表 7.9

计算内容	适用的公式或附录	计算公式	计算值	使用值
验算是否满足公式：$(\gamma_i\sigma'_{crd})/(f'_{crd}/\gamma_b) \leqslant 1.0$				
f'_{crd}	由例题 4 的解			8.65N/mm^2
γ_b	按照表 4.1 取 1.1			1.1
γ_i	按照表 4.1 取 1.1			1.1
σ'_{crd}	由表 7.3 的 σ'_{c3}			3.914N//mm^2
$(\gamma_i\sigma'_{crd})/(f'_{crd}/\gamma_b)=1.1\times3.914/(8.65/1.1)=0.55<1.0$ 因此是安全的。				

7 关于受剪疲劳

梁的受剪疲劳

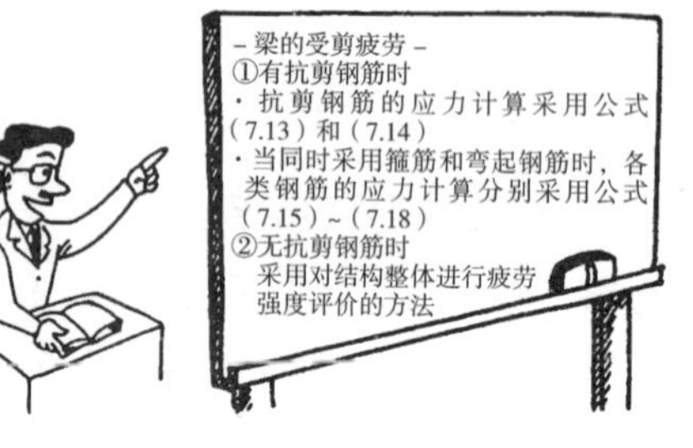

有抗剪钢筋时

一般情况下需要抗疲劳的构件中均配有抗剪钢筋，因此必须进行疲劳破坏时的安全性验算。当配有抗剪钢筋的钢筋混凝土梁受疲劳变幅荷载反复作用时，抗剪钢筋的应力会急剧增加，并因抗剪钢筋被拉坏在低于静荷载承载力时发生**疲劳破坏**。因此应分别计算钢筋因变幅荷载引起的抗剪应力 σ_{wrd} 和因永久荷载引起的抗剪应力 σ_{wpd}（计算方法见表7.10），并与钢筋的疲劳强度设计值进行比较，验算其安全性。

无抗剪钢筋时

无抗剪钢筋时，由于破坏机理复杂很难算清钢筋和混凝土的应力。因此因疲劳荷载造成杆件剪切破坏时的安全性验算，一般采用对结构整体进行疲劳强度评价的方法。

无抗剪钢筋构件主要有独立基础和护壁等。一般情况下这类混凝土构件很少会发生疲劳破坏。当在特殊情况下存在疲劳问题时，主要对以下两方面的内容进行验算（表7.10）。

① 无抗剪钢筋时

构件的疲劳抗剪承载力 V_{rcd}

② 当为面构件如钢筋混凝土板时

疲劳抗冲切承载力 V_{rpd}

梁的抗剪疲劳 表 7.10

<table>
<tr><th></th><th>计算公式</th><th>符号说明</th></tr>
<tr><td rowspan="2">有抗剪钢筋时（抗剪钢筋的应力）</td><td>【抗剪钢筋的应力】
$$\sigma_{wrd}=\frac{(V_{pd}+V_{rd}-k_2V_{cd})s}{A_wz(\sin\alpha_s+\cos\alpha_s)}\times\frac{V_{rd}}{V_{pd}+V_{rd}+V_{cd}} \quad (7.13)$$
$$\sigma_{wpd}=\frac{(V_{pd}+V_{rd}-k_2V_{cd})s}{A_wz(\sin\alpha_s+\cos\alpha_s)}\times\frac{V_{pd}+V_{cd}}{V_{pd}+V_{rd}+V_{cd}} \quad (7.14)$$</td><td>σ_{wrd}：由变幅荷载引起的抗剪钢筋应力
σ_{wpd}：由永久荷载引起的抗剪钢筋应力
V_{rd}：变幅荷载作用下的设计剪力
V_{pd}：永久荷载作用下的设计剪力
V_{cd}：无抗剪钢筋时杆件的受剪承载力设计值，由公式（5.8）计算。
k_2：变幅荷载频度影响系数，一般取 0.5
A_w：一组抗剪钢筋面积
s：抗剪钢筋间距
z：压应力合力作用位置到纵向受拉钢筋形心的距离，一般可取 $d/1.15$
d：有效高度
α_s：抗剪钢筋与构件纵轴之间的夹角</td></tr>
<tr><td colspan="2">【抗剪钢筋同时采用箍筋和弯起钢筋时】
<箍筋>
$$\sigma_{wrd}=\frac{V_{pd}+V_{rd}-k_2V_{cd}}{\frac{A_wz}{s}+\frac{A_bz(\cos\alpha_b+\sin\alpha_b)^3}{s_b}}\times\frac{V_{rd}}{V_{pd}+V_{rd}+V_{cd}} \quad (7.15)$$
$$\sigma_{wpd}=\frac{V_{pd}+V_{rd}-k_2V_{cd}}{\frac{A_wz}{s}+\frac{A_bz(\cos\alpha_b+\sin\alpha_b)^3}{s_b}}\times\frac{V_{pd}+V_{cd}}{V_{pd}+V_{rd}+V_{cd}} \quad (7.16)$$
<弯起钢筋>
$$\sigma_{brd}=\frac{V_{pd}+V_{rd}-k_2V_{cd}}{\frac{A_wz}{s(\cos\alpha_b+\sin\alpha_b)^2}+\frac{A_bz(\cos\alpha_b+\sin\alpha_b)}{s_b}}\times\frac{V_{rd}}{V_{pd}+V_{rd}+V_{cd}} \quad (7.17)$$
$$\sigma_{bpd}=\frac{V_{pd}+V_{rd}-k_2V_{cd}}{\frac{A_wz}{s(\cos\alpha_b+\sin\alpha_b)^2}+\frac{A_bz(\cos\alpha_b+\sin\alpha_b)}{s_b}}\times\frac{V_{pd}+V_{cd}}{V_{pd}+V_{rd}+V_{cd}} \quad (7.18)$$
式中：A_w：一组抗剪钢筋的截面面积
A_b：弯起钢筋面积
s：箍筋间距
s_b：弯起钢筋间距
α_b：弯起钢筋与构件轴之间的夹角
k_2：变幅荷载频度影响系数，一般取 0.5</td></tr>
<tr><td rowspan="2">无抗剪钢筋时</td><td>①
【杆件的疲劳抗剪承载力】
$$V_{rcd}=V_{cd}(1-V_{pd}/V_{cd})\left(1-\frac{\log N}{11}\right)$$
此时，$N\leq 2\times10^6$ （7.19）</td><td>N：疲劳寿命
V_{cd}：参见公式（5.8）</td></tr>
<tr><td>②
【作为面构件的混凝土板的疲劳抗冲切承载力 V_{rpd}】
$$V_{rpd}=V_{pcd}(1-V_{pd}/V_{pcd})\left(1-\frac{\log N}{14}\right)$$
此时，$N\leq 2\times10^6$ （7.20）</td><td></td></tr>
</table>

8

受剪疲劳验算例题（1）

受剪疲劳验算采用箍筋时怎么算…？

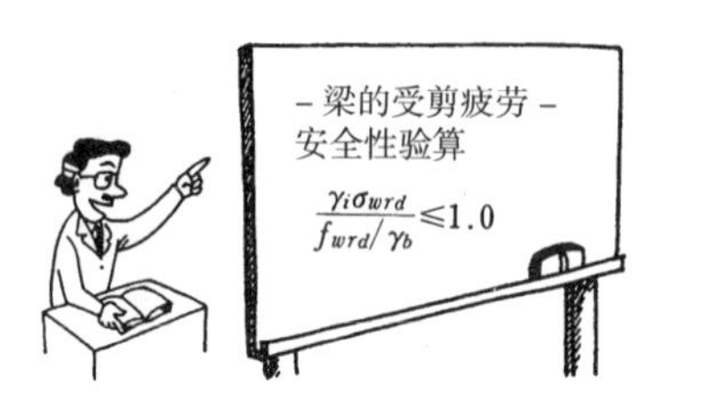

例题 6　截面的受剪钢筋疲劳验算

单筋 T 形截面梁 b=1000mm，b_w=250mm，d=400mm，5 根 ϕ22（SD35）钢筋，进行受剪钢筋的疲劳验算。已知条件如下：

永久荷载作用下的设计剪力：V_{pd}=50kN

变幅荷载作用下的设计剪力：V_{rd}=60kN

循环次数：N_d=10^6 次

竖直箍筋：箍筋（α_s=90°），U 形箍 ϕ13（SD345，f_{ud}= 490N/mm^2），箍筋间距 s=200mm，f'_{ck}=24N/mm^2，γ_c=1.3，γ_s=1.05，γ_i=1.1，

γ_b=1.3（用于 V_{cd} 的计算）

γ_b=1.1（用于计算钢筋的疲劳强度）

（解） 进行钢筋疲劳验算，与例题 5 同样，只要满足公式（7.10）（$\gamma_i \sigma_{wrd}$）/（f_{wrd}/γ_b）≤ 1 即表示安全。因此按照公式（1.7）计算 f_{wrd}，按照公式（7.13）计算 σ_{wrd}，并将结果代入上述条件公式进行验算。计算流程见图 7.7。

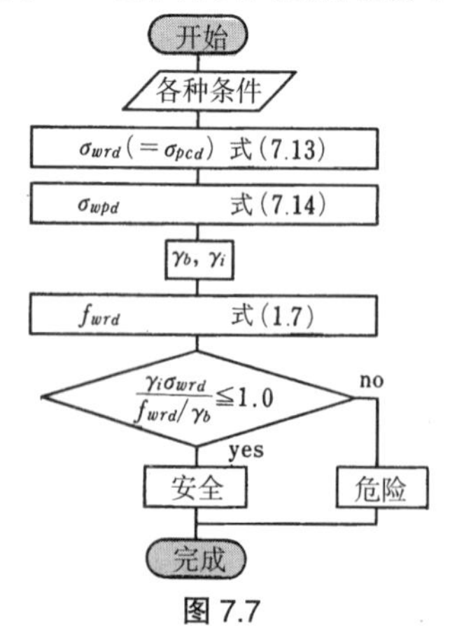

图 7.7

按照图 7.7 的流程进行计算，计算的详细过程见表 7.11。

表 7.11

计算内容	适用的公式或附录	计算公式	计算值	使用值
验算是否满足条件：$(\gamma_i\sigma_{wrd})/(f_{wrd}/\gamma_b) \leqslant 1$				
V_{pd}	已知			50kN
V_{rd}	已知			60kN
β_d	见第 5 章的[7]	$\beta_d=\sqrt[4]{\frac{1}{d}}$ （d：单位 m）	$=\sqrt[4]{\frac{1}{0.4}}=1.257$	1.257
β_p β_n	查附表 3 A_s=1936mm²	$\beta_p=\sqrt[3]{100\,p_w}=\sqrt[3]{100\,\frac{A_s}{b_w d}}$	$=\sqrt[3]{100\times\frac{1\,936}{250\times400}}=1.246$	1.246 1.0
f'_{cd}	由表（1.2）			18.5 N/mm²
f_{vcd}	由公式（5.8）	$f_{vcd}=0.20\sqrt[3]{f'_{cd}}$	$=0.20\sqrt[3]{18.5}=0.529$	0.529 N/mm²
V_{cd}		$V_{cd}=\beta_d\beta_p\beta_n f_{vcd} b_w d/\gamma_b$	$=1.257\times1.246\times1.0\times0.529\times250\times400/1.3=63\,733$ N	63.7 kN
A_w	查付表 3 的 2 根 $\phi13$ 的栏			253 mm²
z	查表 7.10	$z=\frac{d}{1.15}$	$=\frac{400}{1.15}=348$	348 mm
$\sin\alpha_s+\cos\alpha_s$	α_s=90°			1
受剪钢筋应力 σ_{wrd}	变幅荷载时抗剪钢筋的应力按照公式（7.13）计算	$\sigma_{wrd}=\frac{(V_{pd}+V_{rd}-0.5\,V_{cd})s}{A_w z(\sin\alpha_s+\cos\alpha_s)}\times\frac{V_{rd}}{V_{pd}+V_{rd}+V_{cd}}$	$=\frac{(50+60-0.5\times63.7)\times10^3\times200}{253\times348\times1}\times\frac{60\times10^3}{(50+60+63.7)\times10^3}=61.3$	61.3 N/mm²
受剪钢筋应力 σ_{wpd}	永久荷载时抗剪钢筋的应力按照公式（7.14）计算	$\sigma_{wpd}=\frac{(V_{pd}+V_{rd}-0.5\,V_{cd})s}{A_w z(\sin\alpha_s+\cos\alpha_s)}\times\frac{V_{pd}+V_{cd}}{V_{pd}+V_{rd}+V_{cd}}$	$=\frac{(50+60-0.5\times63.7)\times10^3\times200}{253\times348\times1}\times\frac{(50+63.7)\times10^3}{(50+60+63.7)\times10^3}=116.2$	116.2 N/mm²
a	查附表 3 $\phi13$ 的公称直径为 12.7mm，	$a=k_0(0.82-0.003\,\phi)$	$=1.0\times(0.82-0.003\times12.7)=0.782$	0.782
$N\,(=N_d)$	已知			10^6 次
k	由表 7.4			0.12
$\sigma_{sp}\,(=\sigma_{wpd})$	由以上结果			116.2 N/mm²
f_{ud}	查表 1.3 f_{uk}=490N/mm²	$f_{ud}=\frac{f_{uk}}{\gamma_s}$	$=\frac{490}{1.05}=466.7$	466.7 N/mm²
f_{wrd}	箍筋的疲劳强度按照公式（1.7）计算。这里假设为钢筋母材的 50%。	$f_{wrd}=190\times\frac{10^a}{N^k}\times\left(1-\frac{\sigma_{sp}}{f_{ud}}\right)\Big/\gamma_s\times0.5$	$=190\times\frac{10^{0.782}}{(10^6)^{0.12}}\times\left(1-\frac{116.2}{466.7}\right)\Big/1.05\times0.5=78.3$	78.3 N/mm²
γ_b	查表（4.1）			1.1
γ_i	查表（4.1）			1.1
$(\gamma_i\sigma_{wrd})/(f_{wrd}/\gamma_b)=1.1\times61.3/(78.3/1.1)=0.96<1.0$ 因此是安全的。				

9

受剪疲劳验算例题（2）

受剪疲劳验算除箍筋外还有弯起钢筋时怎么算？

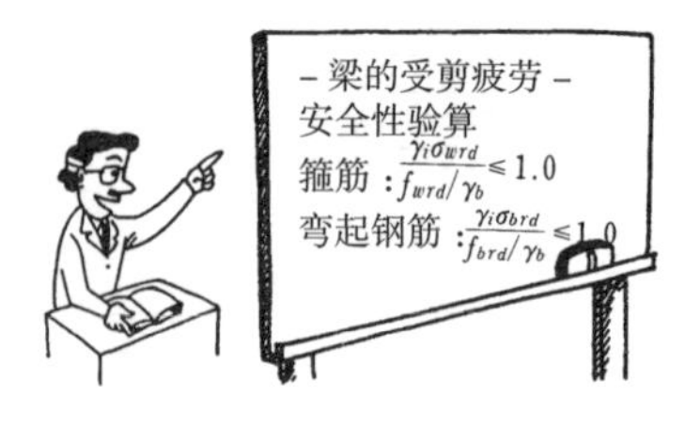

例题 7 受剪钢筋疲劳验算

例题 6 中的截面除箍筋外还设有弯起钢筋，进行受剪钢筋疲劳验算。已知条件如下：

弯起钢筋：45° 弯起（α_b=45°），ϕ25（SD35），间距 400mm（s_b=400mm），V_{rd}=100kN

其他条件与例题 6 相同（参见图 7.8）。

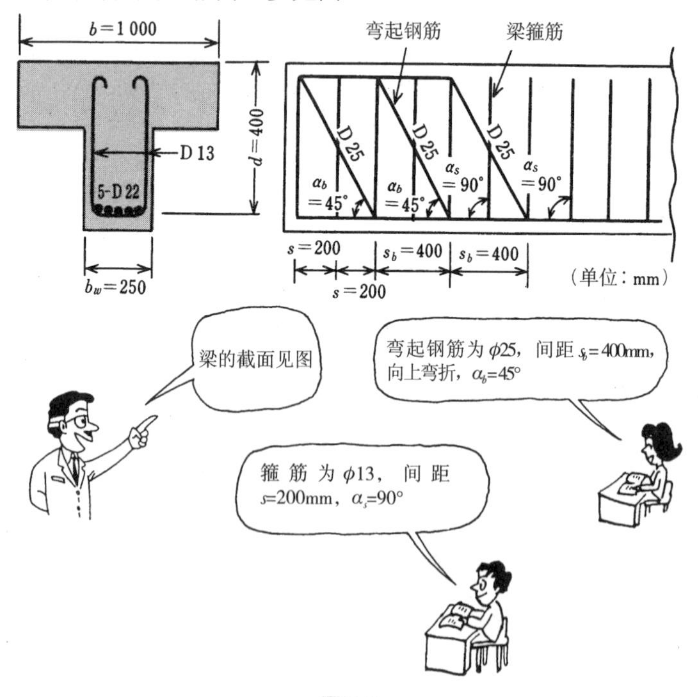

图 7.8

（解）抗剪钢筋同时采用箍筋和弯起钢筋时，两种钢筋的计算参照公式（7.10），如下所示。

箍筋　　：$\dfrac{\gamma_i \sigma_{wrd}}{f_{wrd}/\gamma_b} \leq 1.0$

弯起钢筋：$\dfrac{\gamma_i \sigma_{brd}}{f_{brd}/\gamma_b} \leq 1.0$

其中 f_{wrd}、f_{brd} 用公式（1.7）计算，σ_{wrd} 用公式（7.15）、σ_{brd} 用公式（7.17）计算。然后将各值的计算结果代入上式验算。计算流程见图 7.9。

按照图 7.9 的流程进行计算，详细过程见表 7.12。

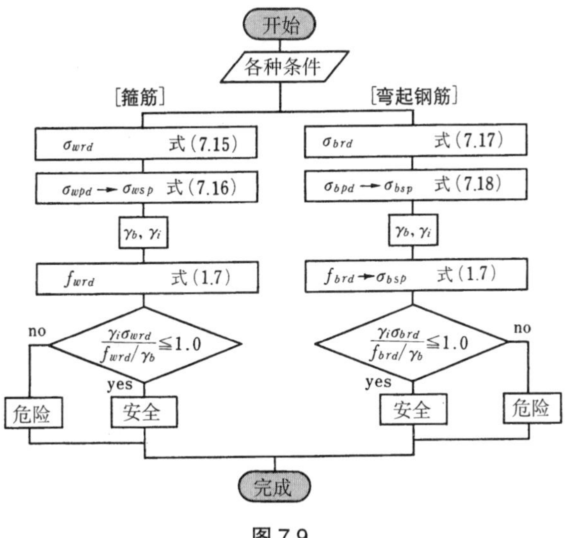

图 7.9

表 7.12

计算内容	适用的公式或附录	计算公式	计算值	使用值
同时采用箍筋和弯起钢筋时，验算是否满足以下公式： 箍筋：$(\gamma_i\sigma_{wrd})/(f_{wrd}/\gamma_b)\leqslant 1.0$ 弯起钢筋：$(\gamma_i\sigma_{brd})/(f_{brd}/\gamma_b)\leqslant 1.0$				
V_{cd}	由表 7.11			63.7 kN
$0.5V_{cd}$			$=0.5\times63.7=31.85$	31.85 kN
$V_{pd}+V_{cd}$	由表 7.11 和 V_{rd}=100kN		$=50+100=150$	150 kN
A_w	由表 7.11			253 mm²
A_b	查附表 3			506.7 mm²
z	由表 7.10	$z=d/1.15$	$=400/1.15=348$	348 mm
$\cos\alpha_b+\sin\alpha_b$	α_b=45° 因为在公式（7.15）~（7.18）中使用		$=\frac{1}{\sqrt{2}}+\frac{1}{\sqrt{2}}=\frac{2}{\sqrt{2}}$	$\frac{2}{\sqrt{2}}$
$(\cos\alpha_b+\sin\alpha_b)^2$			$=\left(\frac{2}{\sqrt{2}}\right)^2=2$	2
$(\cos\alpha_b+\sin\alpha_b)^3$			$=\left(\frac{2}{\sqrt{2}}\right)^3=\frac{4}{\sqrt{2}}$	$\frac{4}{\sqrt{2}}$
竖直箍筋应力 σ_{wrd}	公式（7.15）	$\sigma_{wrd}=\dfrac{V_{pd}+V_{rd}-0.5V_{cd}}{\frac{A_w z}{s}+\frac{A_b z(\cos\alpha_b+\sin\alpha_b)^3}{s_b}}\times\dfrac{V_{rd}}{V_{pd}+V_{rd}+V_{cd}}$	$=\dfrac{(150-31.85)\times10^3}{\frac{253\times348}{200}+\frac{506.7\times348\times4}{400\times\sqrt{2}}}\times\dfrac{100\times10^3}{(150+63.7)\times10^3}$ $=32.77$	32.77N/mm²
竖直箍筋应力 σ_{wpd}	公式（7.16）	$\sigma_{wpd}=\dfrac{V_{pd}+V_{rd}-0.5V_{cd}}{\frac{A_w z}{s}+\frac{A_b z(\cos\alpha_b+\sin\alpha_b)^3}{s_b}}\times\dfrac{V_{pd}+V_{cd}}{V_{pd}+V_{rd}+V_{cd}}$	$=\dfrac{(150-31.85)\times10^3}{\frac{253\times348}{200}+\frac{506.7\times348\times4}{400\times\sqrt{2}}}\times\dfrac{(50+63.7)\times10^3}{(150+63.7)\times10^3}$ $=37.26$	37.26N/mm²
弯起钢筋应力 σ_{brd}	公式（7.17）	$\sigma_{brd}=\dfrac{V_{pd}+V_{rd}-0.5V_{cd}}{\frac{A_w z}{s(\cos\alpha_b+\sin\alpha_b)^2}+\frac{A_b z(\cos\alpha_b+\sin\alpha_b)}{s_b}}$ $\times\dfrac{V_{rd}}{V_{pd}+V_{rd}+V_{cd}}$	$=\dfrac{(150-31.85)\times10^3}{\frac{253\times348}{200\times2}+\frac{506.7\times348\times2}{400\times\sqrt{2}}}\times\dfrac{100\times10^3}{(150+63.7)\times10^3}$ $=65.54$	65.54N/mm²

σ_{bpd}	公式（7.18）	$\sigma_{bpd}=\dfrac{V_{pd}+V_{rd}-0.5V_{cd}}{\dfrac{A_w z}{s(\cos\alpha_b+\sin\alpha_b)^2}+\dfrac{A_b z(\cos\alpha_b+\sin\alpha_b)}{s_b}}\times\dfrac{V_{pd}+V_{cd}}{V_{pd}+V_{rd}+V_{cd}}$	$=\dfrac{(150-31.85)\times10^3}{\dfrac{253\times348}{200\times2}+\dfrac{506.7\times348\times2}{400\times\sqrt{2}}}\times\dfrac{(50+63.7)\times10^3}{(150+63.7)\times10^3}$ $=74.52$	74.52N/mm²
γ_b	查表 4.1 得：			1.1
a_w $a_b{}^*$ $N(=N_d)$ k σ_{wsd} σ_{bsd} f_{ud}	由公式（1.7） 由公式（1.7） 见例题 6 由表 7.4 根据以上结果 查表 1.3 f_{uk}=490N/mm²	$a_w=k_0(0.82-0.003\phi_w)$ $a_b{}^*=k_0(0.82-0.003\phi_b)$ $\sigma_{wsd}=\sigma_{wpd}$ $\sigma_{bsd}=\sigma_{bpd}$ $f_{ud}=\dfrac{f_{uk}}{\gamma_s}$	$=1.0\times(0.82-0.003\times12.7)=0.782$ $=1.0\times(0.82-0.003\times25.4)=0.744$ $=37.26$ $=74.52$ $=\dfrac{490}{1.05}=466.7$	0.782 0.744 10^6 次 0.12 37.26N/mm² 74.52N/mm² 466.7N/mm²
箍筋的疲劳强度 f_{wrd}	假设为钢筋母材的 50%，由公式（1.7）	$f_{wrd}=190\times\dfrac{10^{a_w}}{N^k}\times\left(1-\dfrac{\sigma_{wsd}}{f_{ud}}\right)\Big/\gamma_s\times0.5$	$=190\times\dfrac{10^{0.782}}{(10^6)^{0.12}}\times\left(1-\dfrac{37.26}{466.7}\right)\Big/1.05\times0.5$ $=96.0$	96.0N/mm²
弯起钢筋的疲劳强度 f_{brd}	由公式（1.7）	$f_{brd}=190\times\dfrac{10^{a_b{}^*}}{N^k}\times\left(1-\dfrac{\sigma_{bsd}}{f_{ud}}\right)\Big/\gamma_s\times0.5$	$=190\times\dfrac{10^{0.744}}{(10^6)^{0.12}}\times\left(1-\dfrac{74.52}{466.7}\right)\Big/1.05\times0.5$ $=80.3$	80.3N/mm²

箍筋：$(\gamma_i\sigma_{wrd})/(f_{wrd}/\gamma_b)=1.1\times32.77/(96.0/1.1)=0.42<1.0$，因此是安全的（足够富余）。
弯起钢筋：$(\gamma_i\sigma_{brd})/(f_{brd}/\gamma_b)=1.1\times65.54/(80.3/1.1)=0.99<1.0$，因此是安全的。当判断结果为不安全时，可以增加钢筋面积或增加钢筋根数。

* 该栏中的 α_b 不是指角度，而是公式（1.7）中的系数。
  α_w：竖直箍筋的系数
  α_b：弯起钢筋的系数

〔问题1〕 对结构进行疲劳极限状态验算时必须知道的前提条件是什么，请列举4个。

〔问题2〕 请给出结构疲劳极限状态验算的两种方法并进行说明。

〔问题3〕 “问题2”中的两种验算方法所适用的对象建筑物是什么？

〔问题4〕 “问题2”的两种验算方法分别假定什么是不变的？

〔问题5〕 请列举两种将结构的不规则变幅荷载转换成等效常幅往复荷载的方法。

〔问题6〕 “问题4”中的两种验算方法分别在哪些结构的荷载评价中应用？

第 8 章　一般结构构造

前几章讲述了针对钢筋混凝土结构的几种极限状态的结构计算方法。

本章介绍为了充分发挥结构性能采取的结构构造措施和施工时的注意事项（结构细部处理）。

结构构造措施包括**钢筋的保护层厚度、钢筋间距、钢筋弯钩形状、钢筋锚固、钢筋搭接**。《混凝土规范（设计篇）》中还给出了构件类型与构筑物构造细部的规定，本文中没有涉及。

1 骨骼与皮下脂肪

保护层厚度和钢筋间距

保护层厚度 保护层厚度是指钢筋表面到混凝土表面的最短距离（参见图 8.1）。

为了充分发挥钢筋的作用，钢筋越接近混凝土表面越好。但考虑到钢筋混凝土的耐久性和施工性，必须根据混凝土品质、钢筋直径、构筑物的环境条件、构件的尺寸、施工条件等合理确定保护层厚度。

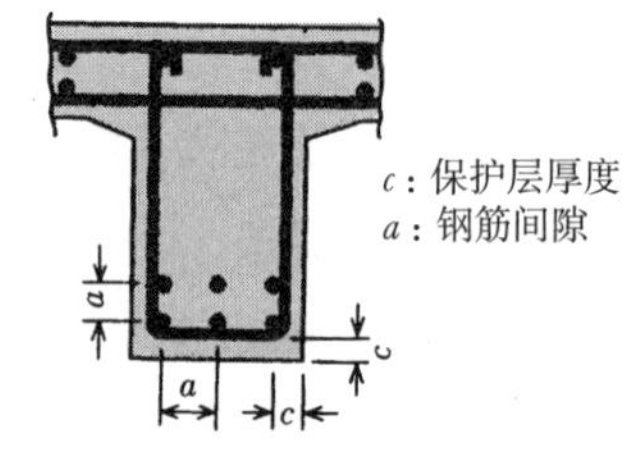

图 8.1 钢筋的保护层厚度和间距

保护层的作用 保护层的作用是通过混凝土对钢筋的包覆增加混凝土与钢筋的粘接应力；当施工条件为水下施工或受海水影响时，利用混凝土的碱性对钢筋形成保护以防止钢筋生锈。

最小保护层厚度 最小保护层厚度用公式（8.1）计算，且不小于钢筋直径。

$$c_{min}=\alpha c_0 \qquad (8.1)$$

式中 c_{min}：最小保护层厚度

α：与混凝土强度标准值 f'_{ck} 对应的值（参见表 8.1）

c_0：保护层标准厚度。由构件类型、环境条件决定的值（参见表 8.2）

表 8.1 α 值

f'_{ck} 的范围（N/mm^2）	$f'_{ck} \leqslant 18$	$18<f'_{ck}<34$	$34 \leqslant f'_{ck}$
α	1.2	1.0	0.8

c_0 值（mm）《混凝土规范（设计篇）》　　表 8.2

构件 \ 环境条件	一般环境	腐蚀性环境	严重腐蚀性环境
板	25	40	50
梁	30	50	60
柱	35	60	70

该表的适用对象应易于检查且容易返修。

对“腐蚀性环境”和“严重腐蚀性环境”利用表 8.2 中的数值进行设计时，完工后应进行定期检查，对不符合要求的部位应进行维修处理。

竣工后难于进行定期检查或返修困难时，为防止钢筋锈蚀应增加保护层厚度。对于“腐蚀性环境”取 70mm 以上，对于“严重腐蚀性环境”取 100mm 以上。

钢筋间距

钢筋间距是指钢筋之间各个方向的距离（参见图 8.1）。规定钢筋最小间距是为了保证施工时混凝土易于浇注、易于振捣，并使钢筋和混凝土之间具有足够的粘接强度。

① 对于梁构件，梁中纵向钢筋的水平方向间距应同时满足 20mm 以上、粗骨料最大直径的 4/3 倍以上和钢筋直径以上的要求。

② 对于柱构件，柱纵向钢筋的间距应同时满足 40mm 以上、粗骨料最大直径的 4/3 倍以上和钢筋直径 1.5 倍以上的要求。

③ 成束钢筋：当采用直径小于 32mm 的螺纹钢筋布置复杂且影响混凝土充分振捣时，可采用成束钢筋。对于梁板等构件，可在水平方向沿纵向布置由两根为一组、上下排列的成束钢筋；对于墙柱构件，可沿纵向竖直布置由两到三根为一组的成束钢筋（参见图 8.2）。

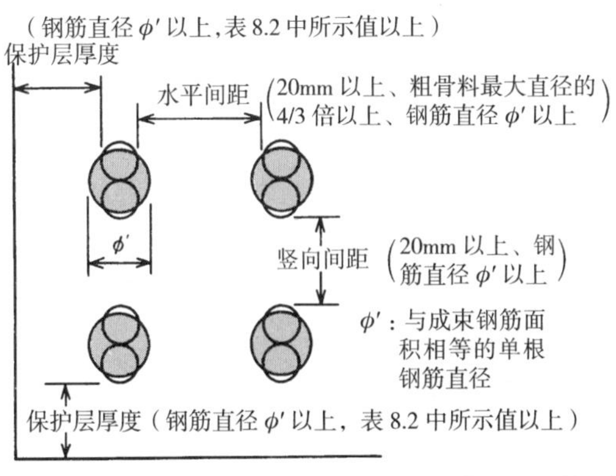

图 8.2　成束钢筋的保护层厚度及钢筋间距《混凝土规范（设计篇）》

2 弯钩

钢筋的弯钩形状

弯钩 钢筋混凝土中的钢筋受很大拉应力作用，如果没有充分锚固，钢筋在混凝土中就会发生滑移甚至被拔出，引起构件受拉破坏。

为了不使钢筋发生滑移或被拔出，混凝土和钢筋的接触面上应有足够的剪切强度（粘结强度）。因此钢筋必须有足够的锚固长度（参见本章3）。为了增加锚固力，将钢筋末端弯折，其弯折部分被称为**弯钩**（hook）。

标准弯钩 标准弯钩的形状有**半圆形**、**直角形**、**锐角形**（参见图8.3）。

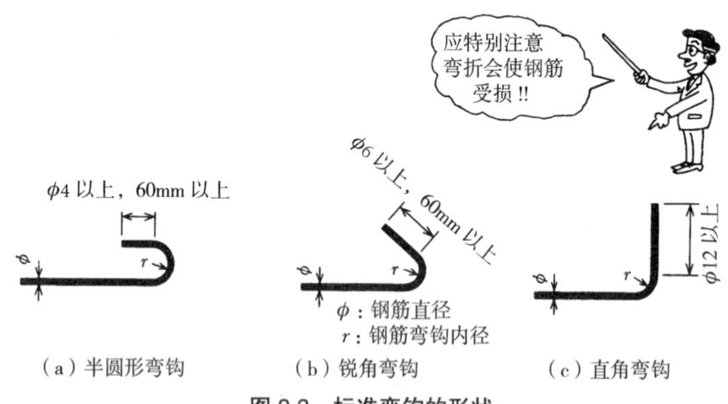

图8.3 标准弯钩的形状

不同材质钢筋的弯钩形状 在钢筋混凝土中有各种起着不同作用的钢筋。有纵向钢筋、梁箍筋、柱箍筋和其他钢筋（弯起钢筋、架立钢筋等）。《混凝土规范（设计篇）》中对不同用途的钢筋末端的加工方法进行了规定（参见表8.3）。

钢筋的作用和标准弯钩形状 **表 8.3**

	钢筋种类	半圆形弯钩	锐角弯钩	直角弯钩
纵向受拉钢筋	普通光面钢筋	○		
	螺纹钢筋	一 般 不 需 要		
梁 箍 筋	普通光面钢筋	○		
	螺纹钢筋		○	○
柱 箍 筋	普通光面钢筋	○		
	螺纹钢筋	○（原则上需要）或○（原则上需要）		

（注）符号“○”表示需要弯钩

弯钩的弯折内半径

在工程中经常使用弯折钢筋。如果弯折加工时钢筋的弯折半径过小，会对钢筋材质产生不利影响、还会影响混凝土浇筑施工。因此在确定弯钩半径时应考虑上述因素的影响。

弯钩的弯折内半径 **表 8.4**

钢筋种类		弯折内半径（γ）	
		弯钩尺寸	柱箍筋或梁箍筋
普通光面钢筋	SR235	ϕ2.0	ϕ1.0
	SR295	ϕ2.5	ϕ2.0
螺纹钢筋	SD295A，B	ϕ2.5	ϕ2.0
	SD345	ϕ2.5	ϕ2.0
	SD390	ϕ3.0	ϕ2.5
	SD490	ϕ3.5	ϕ3.0

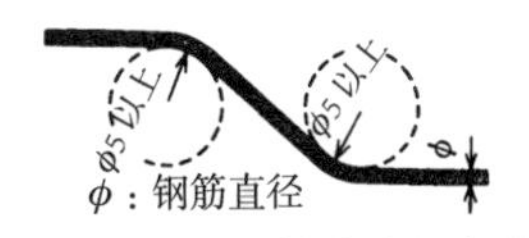

图 8.4 弯起钢筋的弯折内半径

3 混凝土的握裹力

钢筋的锚固

一般规定

钢筋混凝土构件抵抗外力时，钢筋和混凝土必须形成整体。因此钢筋在混凝土中有足够的锚固是非常重要的。以下是钢筋锚固的一般规定。

（1）为保证钢筋在混凝土中有足够的锚固，应根据钢筋在混凝土中不发生滑移或拔出的粘接强度确定锚固长度、设置弯钩或进行机械锚固。

（2）普通光圆钢筋的末端必须设置半圆形弯钩（参见本章2）。

（3）楼板或梁中钢筋的锚固

① 应至少有1/3的正钢筋不弯折、直接穿过支座并锚固在支座内（参见图8.5）。

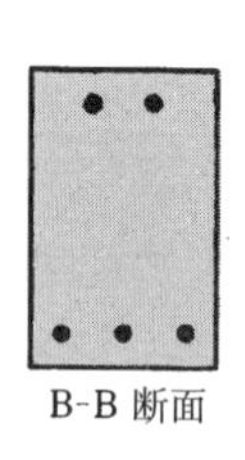

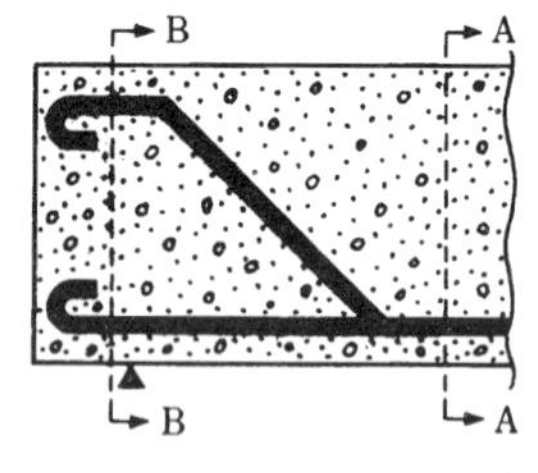

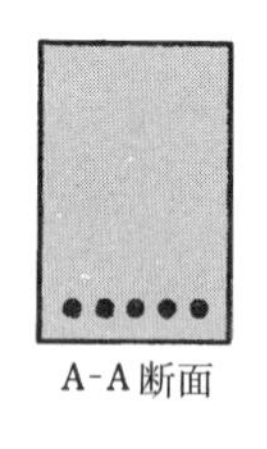

图8.5 正钢筋的锚固

② 应至少有1/3的负钢筋延伸至反弯点进入受压区内进行锚固，或与接续负钢筋连接（参见图8.6）。

（4）弯起钢筋的延伸段可用于正钢筋也可用于负钢筋。在保证最小保护层厚度的前提下，弯起钢筋的末端应尽量接近梁的上皮或下皮，或将弯折成平行于梁上皮或下皮的水平段延伸至混凝土的受压区内进行锚固。

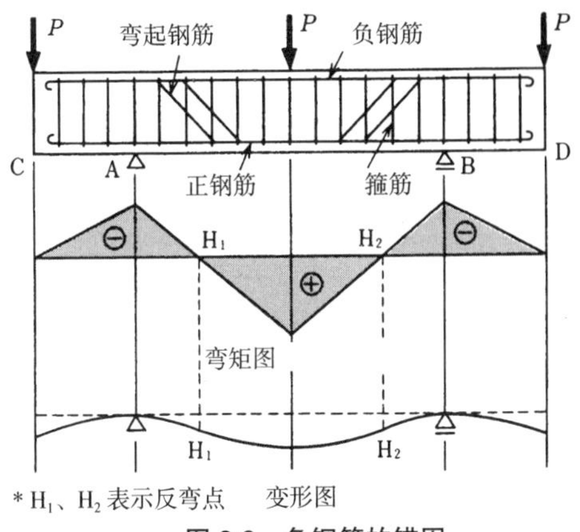

图 8.6 负钢筋的锚固

（5）箍筋环绕正钢筋或负钢筋，其末端应锚固在受压区混凝土内。

（6）柱箍筋或拉结筋的末端应弯成绕纵向钢筋的半圆钩或锐角钩（参见图 8.7 和图 8.8）。

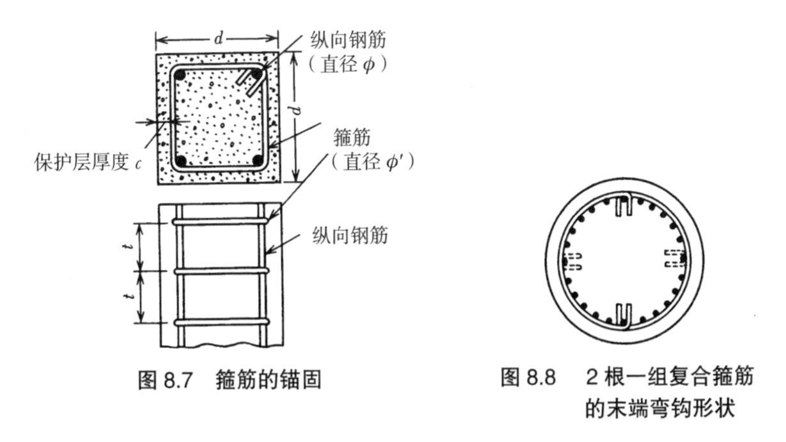

图 8.7 箍筋的锚固

图 8.8 2 根一组复合箍筋的末端弯钩形状

（7）螺旋箍筋应多绕一圈半后锚固在由钢筋环绕的混凝土中。

（8）由钢筋和混凝土的粘接力决定的锚固长度，或将钢筋末端加工成弯钩时的锚固长度必须遵守本章4中关于锚固长度的规定。

4 基本要求

基本锚固长度 钢筋的锚固长度由钢筋种类、混凝土强度、保护层厚度、横向钢筋的状态决定。确定标准锚固长度时原则上应考虑这些影响因子，但由于公式过于复杂，可利用修正系数 α，按公式（8.2）计算。

（1）$l_d = \alpha \dfrac{f_{yd}}{4 f_{bod}} \cdot \phi$ （8.2）

式中 $f_{bod}=0.28f'_{ck}{}^{2/3}/\gamma_c$（$N/mm^2$），此时 $f_{bod} \leqslant 3.2N/mm^2$，$\gamma_c=1.3$

$\alpha=1.0$（ $k_c \leqslant 1.0$ 时）

0.9（$1.0< k_c \leqslant 1.5$ 时）

0.8（$1.5< k_c \leqslant 2.0$ 时）

0.7（$2.0< k_c \leqslant 2.5$ 时）

0.6（$2.5< k_c$ 时）

式中 $k_c = c/\phi + 15A_t/(s\phi)$ （8.3）

c：取纵筋的净保护层厚度与锚固钢筋间距的 1/2 中的较小值。

ϕ：纵筋直径

A_t：与假想破坏开裂面垂直的横向钢筋面积

s：横向钢筋中心间距

（2）纵向受拉钢筋采用标准弯钩时，可取基本锚固长度减去钢筋直径的 10 倍。基本锚固长度 l_d 一般为钢筋直径的 20 倍以上。

锚固长度 根据不同的使用状态对基本锚固长度修正后可得到钢筋的设计锚固长度。《混凝土规范（设计篇）》中对钢筋的锚固长度作了如下规定：

（1）钢筋的锚固长度 l_0 必须大于基本锚固长度 l_d。当设计钢筋量 A_s 大于计算钢筋量 A_{sc} 时，可按以下公式减小锚固长度。

$$l_0 \geqslant l_d \frac{A_{sc}}{A_s}（这里，l_0 \geqslant l_d/3，l_0 \geqslant 10\,\phi） \tag{8.4}$$

（2）钢筋弯折时，其锚固长度按以下方法取值（参见图 8.9）。

① 弯折内半径为钢筋直径的 10 倍以上时，钢筋的锚固长度可认为包括弯折部分全长有效。

② 弯折内半径不足钢筋直径的 10 倍时，除非弯折的水平段长度达到钢筋直径的 10 倍以上，否则钢筋的锚固长度只计算钢筋的平直部分。

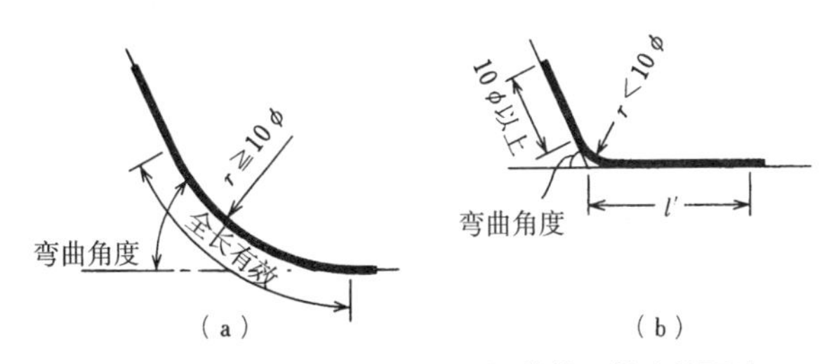

图 8.9 锚固部位弯折时，钢筋锚固长度的取法

例题 1 计算钢筋的基本锚固长度

单筋矩形截面梁如图 8.10 所示，采用标准弯钩。计算钢筋的基本锚固长度 l_d。计算条件如下。

$f'_{ck}=24\text{N/mm}^2$，$f_{yd}=300\text{N/mm}^2$

$A_t=126.7\text{mm}^2$（箍筋面积）

$s=200\text{mm}$（箍筋间距）

（解）

查表 1.2 得：$f_{bod}=1.8\ \text{N/mm}^2$

$$c=\frac{51}{2}=25.5<35.5$$

由公式（8.3）得：$k_c=\dfrac{c}{\phi}+\dfrac{15\,A_t}{s\phi}$

$$=\frac{25.5}{29}+\frac{15\times126.7}{200\times29}$$

$$=1.21$$

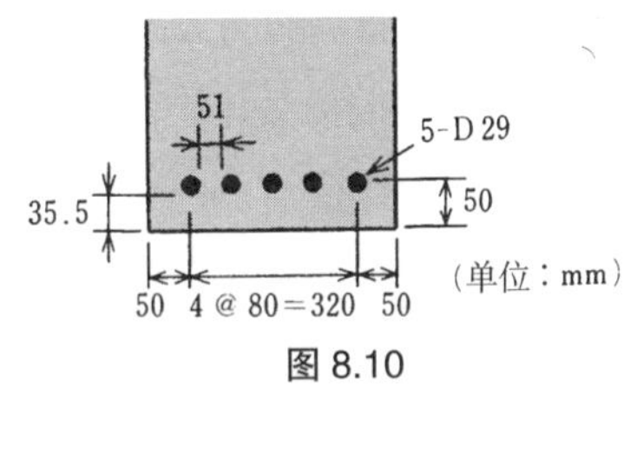

图 8.10

根据公式（8.2）的条件 $1.0<k_c$（$=1.21$）$\leqslant 1.5$ 时，$\alpha=0.9$

由公式（8.2）得：

基本锚固长度 $l_d=\alpha\times\dfrac{f_{yd}}{4\,f_{bod}}\times\phi=0.9\times\dfrac{300}{4\times1.8}\times29=1087.5\ \text{mm}$

因为采用标准弯钩，基本锚固长度可以减少 10ϕ。因此：

$$l_d=1087.5-10\,\phi=1087.5-10\times29=797.5\ \text{mm}$$

5 钢筋之间相互握手

钢筋搭接

一般规定 钢筋的标准长度一般为5~10m，因此在大型建筑的施工中经常要进行钢筋连接。钢筋连接应根据钢筋的种类、直径、应力状态、连接位置等选择合适的连接方法。由于钢筋的连接接头容易成为构件的薄弱环节，因此进行连接接头的设计和施工时必须注意以下事项。

（1）必须根据钢筋的种类、直径、应力状态、连接位置等选择合适的连接方法。

（2）钢筋的连接位置应尽量避开应力大（受拉应力）的截面。

（3）钢筋的连接位置不应设在同一截面，应沿轴向错位连接，错位的标准距离应取连接长度加钢筋直径的25倍和截面高度两者之间的较大值。

连接接头容易成为薄弱处，有时会使构件处于不安全状态，有些连接形式因不能将钢筋的力完全传递给混凝土而使构件的强度降低。

（4）连接接头与相邻钢筋之间的净距和连接接头之间的净距应大于粗骨料的最大直径。

（5）钢筋布置完需要进行钢筋接头施工时，应预留足够的作业空间来保证连接器具的使用。

（6）连接接头的保护层厚度必须满足本章①中的规定。

连接方法 钢筋的接头主要分为**搭接接头**和**焊接接头**。

（a） 搭接接头：只是进行钢筋简单搭接然后浇注混凝土的方法。该方法施工简单，但也存在接头处的力无法完全传递给混凝土、钢筋与混凝土分离、周围的混凝土劣化等引起接头处强度明显降低的问题。

《混凝土规范（设计篇）》中对纵向钢筋的搭接接头做了如下规定：

（1）钢筋实际配筋量应取计算钢筋量的 2 倍以上，当同一截面上连接钢筋所占比例低于总钢筋量的 50% 时，连接的搭接长度应大于基本锚固长度 l_d。

（2）当（1）中的条件有一项不满足时，连接的搭接长度应取基本锚固长度 l_d 的 1.3 倍以上，并用横向钢筋等对连接部位进行加强处理。

（3）当（1）中的条件两项均不满足时，连接的搭接长度应取基本锚固长度 l_d 的 1.7 倍以上，并用横向钢筋对连接部位进行加强处理。

（4）当受低周疲劳荷载（循环荷载）作用时，连接的搭接长度应取基本锚固长度 l_d 的 1.7 倍以上，并在钢筋末端设置弯钩，同时用螺旋箍筋、连接加强器等对连接部位进行加强处理。

（5）水中混凝土结构的钢筋搭接长度原则上取钢筋直径的 40 倍以上。

（6）搭接连接的搭接长度取钢筋直径的 20 倍以上。

（b） 焊接接头：焊接接头常用气体压力焊接头。近年来还陆续开发出挤压连接接头、螺栓机械连接接头、套筒连接接头、填充水泥浆接头、电渣压力焊接头等多种连接形式。

第8章 问题

〔问题1〕 简单说明下列用语的意义。

（1）弯钩

（2）基本锚固长度

（3）焊接接头

〔问题2〕 什么是标准弯钩？

〔问题3〕 什么是搭接连接？

〔问题4〕 请在下文空格处填入适当用语。

钢筋外缘到混凝土外表面的距离被称为（1）。通过混凝土对钢筋的包覆充分发挥钢筋的（2）。当施工条件为水下施工或受海水影响时，利用混凝土的（3）对钢筋形成保护以防止钢筋（4）。

钢筋表面之间各个方向的距离被称为（5）。

〔问题5〕 钢筋混凝土梁截面见图8.11。进行配筋设计。已知设计条件如下：

已知条件：f'_{ck}=27N/mm^2，A_s=3740mm^2

d=700mm，b=400mm

环境条件：一般环境

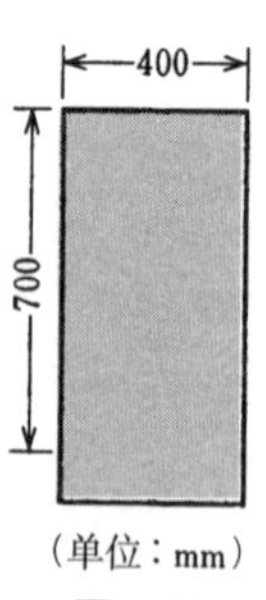

（单位：mm）

图8.11

第 9 章　护壁设计

进行填方或挖方时为了防止基坑坡面崩塌而设置的结构物被称为**护壁**。设置护壁的目的是为了抵抗侧土压以防止发生滑坡事故。此外护壁还可用于桥墩、护岸以及住宅周边的挡土工程。

本章介绍钢筋混凝土护壁的设计方法。各节内容如下：

1　护壁的种类与稳定

2　作用于护壁上的土压力

3　护壁的稳定

以上述内容为基础，以倒 T 形截面的护壁为例，对以下内容进行详细讲解。

4　各种条件及截面假定

5，6　稳定计算

7 ~ 9　挡土墙的设计

10 ~ 12　基础设计

护壁一般是垂直于地面的面受力构件，土压的作用方向与护壁面垂直。

1

护壁的种类与稳定

什么是护壁？

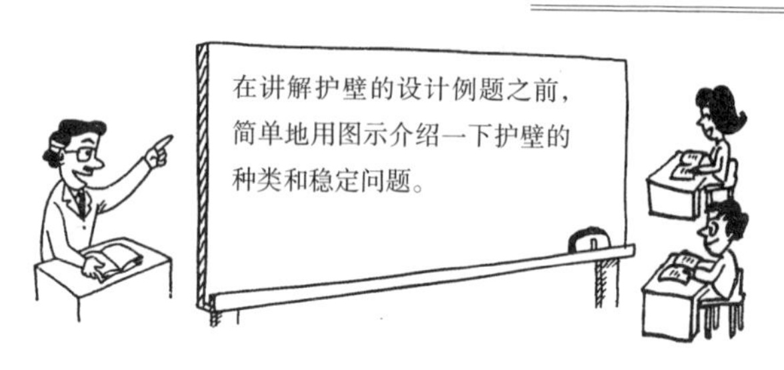

护壁的种类

护壁大体上可分为使用无筋混凝土或石材等材料的**重力式护壁**（由无筋混凝土或石材砌筑而成）、使用钢筋混凝土材料的**半重力式护壁**（用钢筋混凝土筑造而成，比重力式护壁截面小），及**钢筋混凝土护壁**。各种护壁的具体形式见图 9.1。

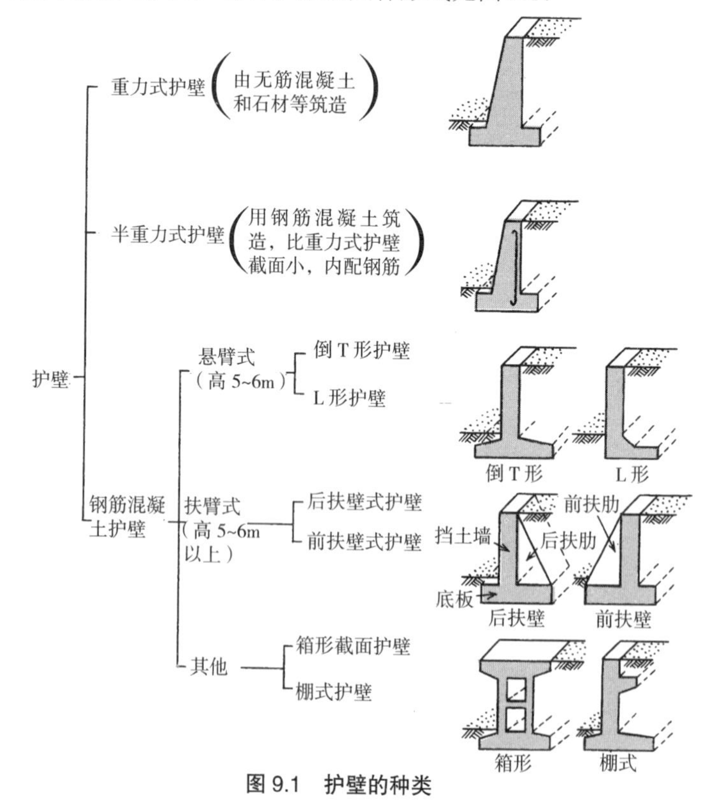

图 9.1 护壁的种类

钢筋混凝土护壁从形式上又可以分为悬臂式护壁（高 5~6m 的倒 T 形护壁或 L 形护壁）、扶臂式护壁（高 5~6m 以上的后扶壁式护壁或前扶壁式护壁），及其他形式护壁（箱形截面护壁或棚式护壁）。

当护壁墙高（护壁高 5~6m 以上）或地基承载力小时，一般采用比其他重力式护壁更经济的钢筋混凝土护壁。

护壁的稳定性

如图 9.2 所示，钢筋混凝土护壁受土压力（P_h 在本章[2]中讲解）、墙背面底板上的土自重（W_1）、护壁自重（W_2）、地下水的静水压、**超载**（护壁背面地表荷载）、地震等外力作用。在这些荷载作用下，护壁的挡土墙和底板等应具有足够的安全性以保证护壁整体的稳定性。为实现这一目的必须对护壁的**倾覆**、**滑移**、**地基承载力**三项内容进行稳定性验算（在本章[3]以后讲解）。

护壁设计时应分别对正常使用时和地震作用时的两种情况进行验算。制图时护壁的长度（长度方向）按照单位长度 1 米绘制，为了易于理解只在截面处标出力、力的分布和钢筋等。

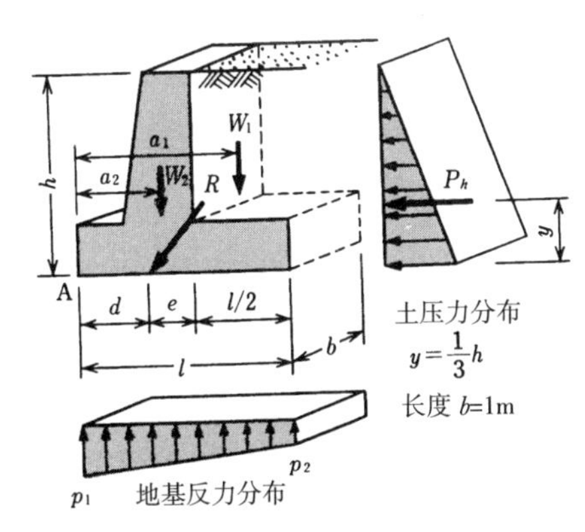

符号说明

P_h：作用于护壁上的土压力
R：作用于护壁上的外力总和
a_1：A 点到 W_1 作用线的距离
a_2：A 点到 W_2 作用线的距离
y：A 点到 P_h 作用线的距离
d：A 点到 R 的作用线与底板相切点的距离
h：护壁总高度
l：底板宽度
W_1：墙底板上土的自重
W_2：护壁自重

图 9.2

2 作用在护壁上

作用在护壁上的土压力

土压力的大小

假定土压力 P_A 为用下式计算的库伦土压力（在滑动土楔体**静力平衡法**（在这里不做具体赘述）中，假定护壁背面的堆土形状一样且墙背填土无粘结力，此时单位宽度上作用的土压力是一样的）。

如下页所述进行护壁的整体稳定性和底板验算以及护壁挡土墙墙体验算（正常使用时和地震作用时）时，计算土压力时的假定条件是不同的，应分别计算。

库伦土压力 P_A：

$$P_A=\frac{1}{2}K_A w_e H^2 \tag{9.1}$$

式中，w_e：墙背填土的单位体积重量（kN/mm^3），K_A：主动土压力系数

主动土压力系数 K_A，在正常使用时和地震作用时采用不同的计算公式。

（1）正常使用时

$$K_A=\frac{\cos^2(\phi-\alpha)}{\cos^2\alpha\cos(\alpha+\delta)\left\{1+\sqrt{\dfrac{\sin(\phi+\delta)\sin(\phi-\beta)}{\cos(\alpha+\delta)\cos(\alpha-\beta)}}\right\}^2} \tag{9.2}$$

（2）地震作用时

$$K_A=\frac{\cos^2(\phi-\alpha-\theta)}{\cos^2\alpha\cos(\alpha+\delta+\theta)\cos\theta\left\{1+\sqrt{\dfrac{\sin(\phi+\delta)\sin(\phi-\beta-\theta)}{\cos(\alpha+\delta+\theta)\cos(\alpha-\beta)}}\right\}^2} \tag{9.3}$$

ϕ：墙背填土的内摩擦角
α：假想墙背与竖直面的夹角
β：地表面与水平面的夹角

}参见图9.3

δ：土对墙背面的摩擦角。验算内容不同取值不同。取值的具体方法见对图 9.3 和图 9.4 的说明。

$\alpha+\delta$：土压的作用方向与水平面的夹角

θ：$\tan^{-1}k_h$

k_h：水平地震系数

土压作用面

土压作用面的确定方法，在重力式和前扶壁式护壁中取混凝土墙身的背面；在悬臂式和后扶臂式护壁中，当计算构件时取混凝土墙身背面，验算稳定时取通过墙趾点的假想墙的背面。

整体稳定性及底板的验算

对整体稳定性及底板进行验算时，假定土压力作用在如图 9.3 所示的假想护壁墙背上。假想护壁墙背取连接挡土墙上端与墙踵板跟部得到的平面。计算土压时假定墙面摩擦角 δ 与墙背填土的内摩擦角 ϕ 相等。假想墙背与挡土墙之间的土可认为是护壁的一部分（$\delta=\phi$）。

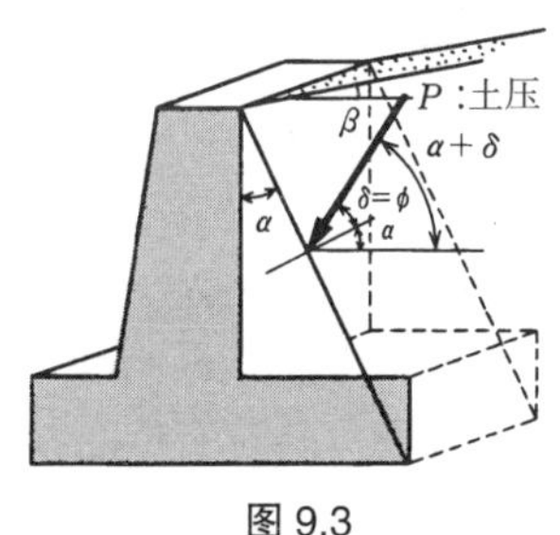

图 9.3

挡土墙验算

进行挡土墙验算时应分别考虑正常使用时和地震作用时的两种情况。

（1）**正常使用时（$\delta=\varphi/2$）**：如图 9.4（a）中所示，将挡土墙背面作为土压的作用面，假定墙面摩擦角 δ 为墙背填土内摩擦角 ϕ 的 1/2。

（2）**地震作用时（$\delta=0$）**：如图 9.4（b）中所示，假定挡土墙面摩擦角 δ 为 0。

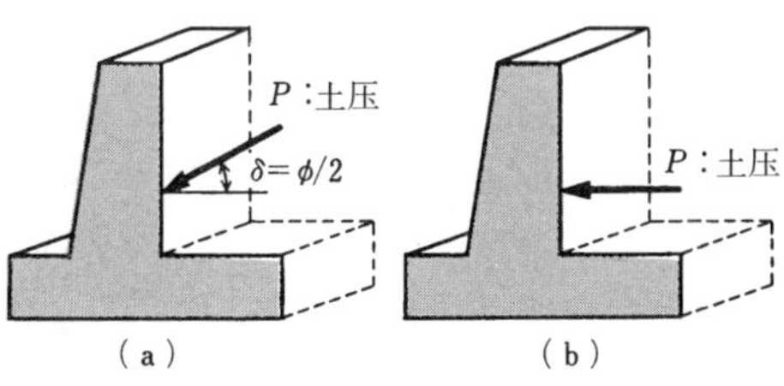

图 9.4

3

加油！护壁

护壁的稳定性

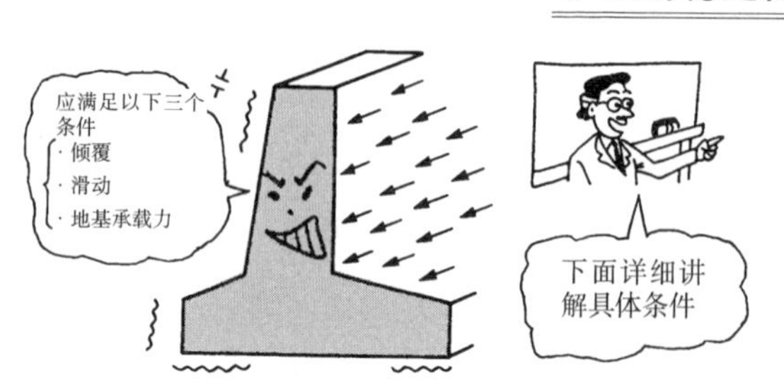

护壁的整体稳定性采用承载力极限状态验算。验算内容有抗倾覆稳定性、抗滑动稳定性和地基承载力的三项内容。验算时对应于各项内容的安全系数是判断结构是否安全的标准，其取值见表 9.1。本章中3讲解基本概念，4通过例题讲解验算方法以便于更好地理解。

安全系数　表 9.1

		极限承载力状态				正常使用极限状态
		截面破坏		整体稳定		
		一般使用时	地震作用时	一般使用时	地震作用时	
混凝土	γ_c	1.3	1.3	—	—	1.0
钢筋	γ_s	1.0 或 1.05	1.0 或 1.05	—	—	1.0
构件 γ_b	弯矩	1.15	1.15	—	—	1.0
	剪切	1.3	1.3	—	—	1.0
γ_0 γ_h γ_v		—	—	1.5	1.5	1.0
结果分析	γ_a	1.0	1.0	1.0	1.0	1.0
荷载	γ_f	1.0~1.2	1.0~1.2	—	—	1.0
结构	γ_i	1.0~1.2	1.0	1.5	1.0	1.0

倾覆

为了使图 9.2 中所示护壁不发生图 9.5 中所示倾覆，应按照公式 9.4 进行倾覆承载力极限状态验算。

$$\frac{\gamma_i M_{sd}}{M_{rd}} \leqslant 1.0 \qquad (9.4)$$

式中 γ_i：结构系数

M_{sd}：底板底面端部倾覆弯矩设计值

M_{rd}：底板底面端部抗倾覆弯矩设计值 $= M_{rk} / \gamma_0$

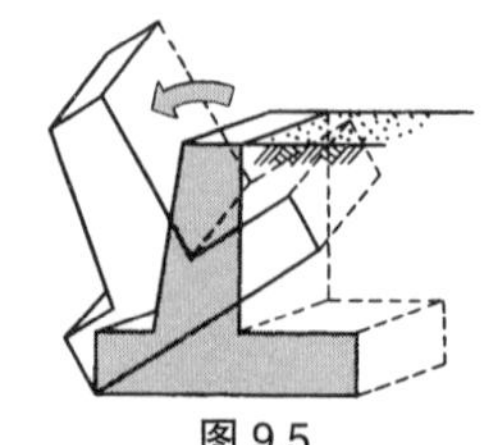

图 9.5

M_{rk}：由荷载公称值求得的抵抗弯矩

γ_0 ：抗倾覆安全系数。考虑了荷载公称值的不利方向的变化、荷载计算方法的不确定性、地基变形等因素对抵抗弯矩的影响而确定的系数。

关于图 9.2 中的 d 值

$d<0$：护壁自重和外力的合力作用线位于底板内（不发生倾覆）
$d=0$：临界状态
$d>0$：合力作用线位于底板外（发生倾覆）

底板下的地基为土基时，应将外力合力作用线控制在距底板中央 1/3 的范围之内（$e \leqslant 1/6$）；当受振动荷载作用时应使合力作用线尽量靠近底板中央。

滑移

为了使图 9.2 中所示护壁不发生图 9.6 中所示滑移，应按照公式 9.5 进行滑移承载力极限状态验算。

$$\frac{\gamma_i H_{sd}}{H_{rd}} \leqslant 1.0 \qquad (9.5)$$

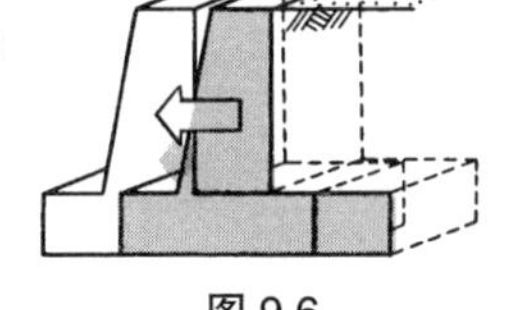

图 9.6

式中 γ_i：结构系数

H_{sd}：水平荷载设计值

H_{rd}：抗滑移承载力设计值 $=H_{rk}/\gamma_h$

H_{rk}：由底板底面与地基之间的摩擦力、粘结力和底板侧壁前方的被动土压力计算得到的抗滑移承载力。计算抗滑移承载力时的荷载采用公称值。

γ_h ：滑动安全系数。考虑了荷载公称值不利方向的变化对抗滑移承载力的影响而确定的系数。

地基承载力

为了使图 9.2 中所示护壁不发生图 9.7 中所示沉降，应按照公式 9.6 进行竖向荷载下的承载力极限状态验算。

$$\frac{\gamma_i V_{sd}}{V_{rd}} \leqslant 1.0 \qquad (9.6)$$

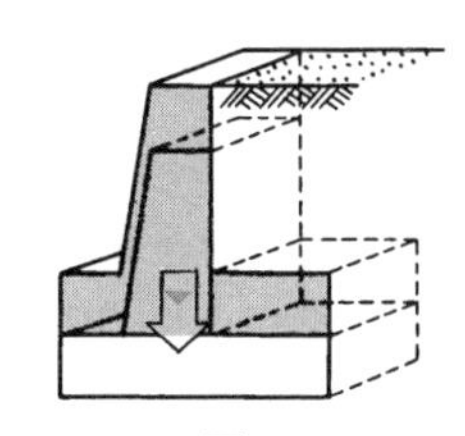

图 9.7

式中，γ_i：结构系数

V_{sd}：地基反力设计值

V_{rd}：地基竖向承载力设计值 $=V_{rk}/\gamma_v$

V_{rk} ：地基竖向承载力

γ_v：竖向承载力安全系数。考虑了特征值不利方向的变化对竖向承载力的影响而确定的系数。

4

护壁设计例题(1)

如何进行设计呢？先根据已知条件进行截面假定。

护壁的形状如图9.8中所示，采用倒T形截面。

以下给出了已知条件。图9.9给出了解题的流程。本章4中根据给出的已知条件进行截面假定，5、6中进行稳定验算，7、8、9中进行护壁设计，10、11、12中进行底板设计。最后根据各节的计算结果对假定的截面和配筋进行调整，该部分内容予以省略。

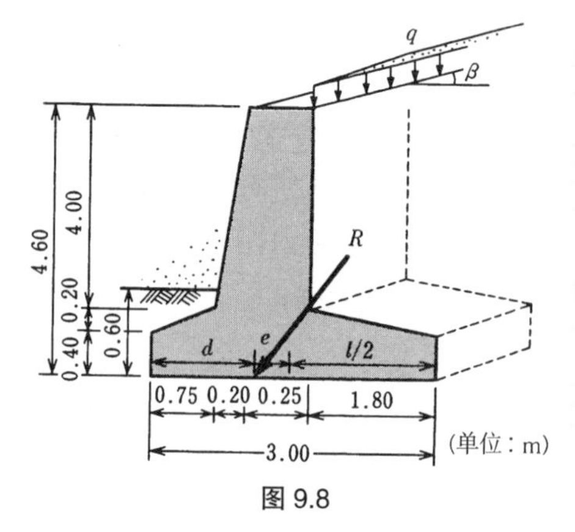

图9.8

<一般条件>

墙背垂直地面，墙高：$h=4.6$m

墙背地面与水平面的夹角：$\beta=5°$

墙背后填土：单位重量 $w_e=17$kN/m^3，内摩擦角 $\phi=30°$

基础地基：单位重量 $w'_e=18$kN/m^3，内摩擦角 $\phi'=40°$

<设计荷载>

钢筋混凝土的单位重量：$w_c=25$kN/m^3

超载荷载（墙背填土上荷载）：$q_0=10$kN/m^2（验算整体稳定时不考虑该荷载）

与地震作用相关的水平地震系数：$k_h=0.2$，竖向地震系数：$k_v=0$

土压力：正常使用时按公式（9.2）计算，地震作用时按公式（9.3）计算。

<使用材料>混凝土强度标准值：$f'_{ck}=24$N/mm^2

钢筋：SD345（$f_{yk}=345$N/mm^2）

<形状尺寸>护壁的形状及详细尺寸见图9.8。

（注）在土力学中单位重量用 γ 表示，本书中为了与安全系数区别改用 w 表示

设计流程

按照图 9.9 中所示流程进行设计。

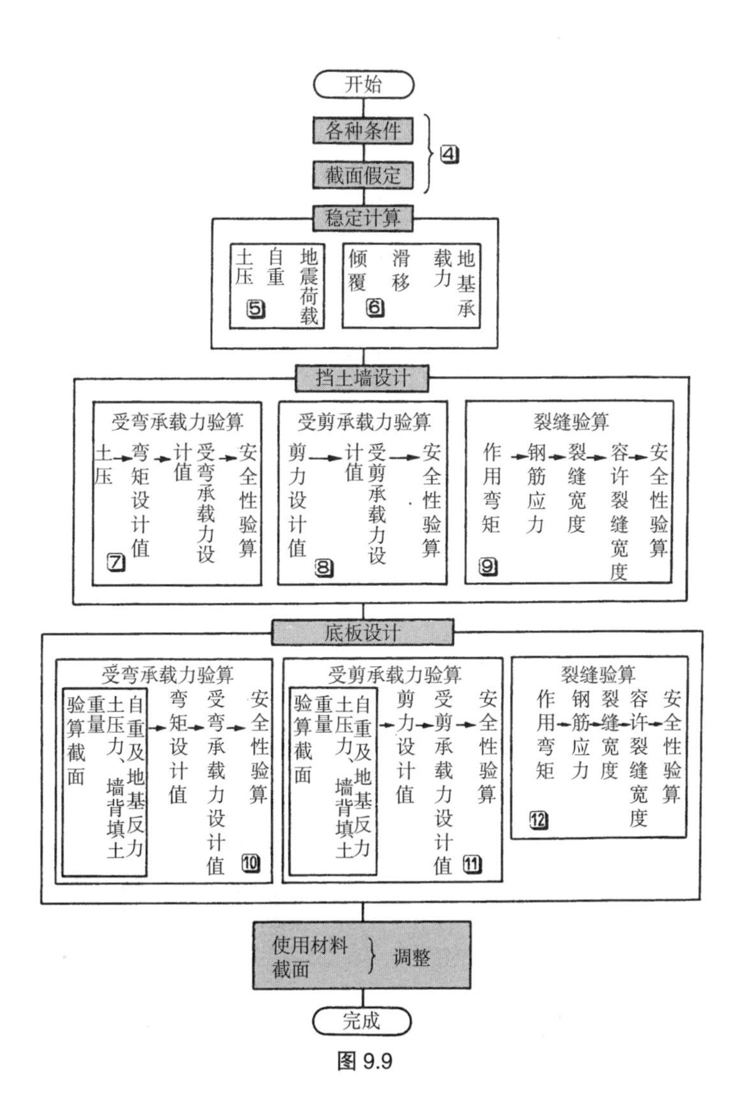

图 9.9

挡土墙配筋

挡土墙按照图 9.10 中的原则进行配筋假定。图 9.11 为假定的配筋结果。

挡土墙计算时，**假定墙板为固定在底板上的单向板**。
板是指厚度与长度或宽度比非常薄、荷载的作用方向与板面基本垂直的平面构件。

板中的竖向受力钢筋。
板中竖向受力钢筋的间距。
（1）产生最大弯矩的截面取板厚的 2 倍以下和 300mm 以下。
（2）其他截面取板厚的 3 倍以下和 400mm 以下。
在产生最大弯矩的截面采用 ϕ16 钢筋（A_s=198.6mm^2），按 125mm 间距布置；从距底板顶面 2m 的位置起取最大弯矩截面钢筋量的 1/2，即钢筋间距按 250mm 布置。

分布钢筋布置
为了充分发挥墙板的作用，布置垂直于竖向受力钢筋的分布钢筋。
（1）分布钢筋数量：均布荷载作用时取主受力钢筋的 1/6 以上。
（2）悬臂板的受压区：布置垂直于板主受力方向、直径 6mm 以上、间距为板厚 3 倍以下的钢筋。
布置 ϕ13 钢筋（A_s=126.7mm^2），间距 250mm。分布钢筋与主受力钢筋的配筋率（126.7/250）/（198.6/125）=0.32>1/6，满足第（1）条要求。

图 9.10

底板配筋

将底板假定为**受均布荷载作用的单向板**，底板配筋原则和方法与挡土墙相同，如图 9.11 中所示布置纵向受力钢筋和分布钢筋，配筋结果见图 9.12。

（a） 断面 （b） 背面

（单位：mm）

图 9.11 挡土墙钢筋布置

（单位：mm）

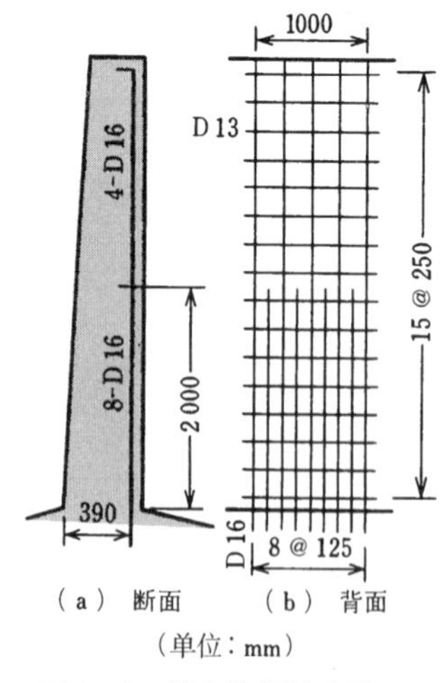

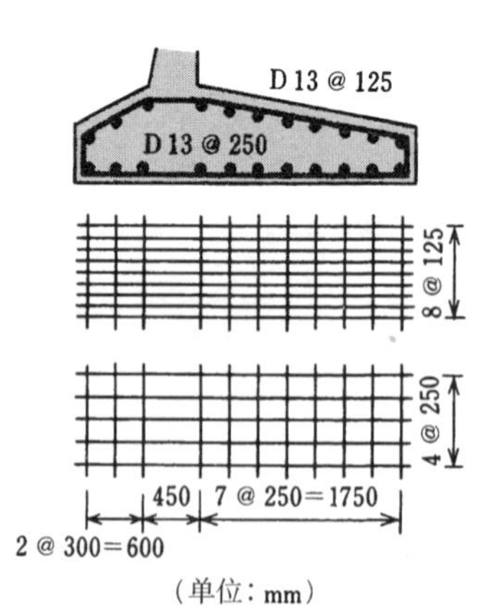

图 9.12 底板钢筋布置

5 护壁设计例题(2)

作用于护壁的荷载

土压力计算 首先**计算土压力和土压力作用位置**，为整体稳定性验算做准备。土压力分布如图 9.3 中所示，作用力大小当正常使用时按公式（9.2）计算，考虑地震作用时按公式（9.3）计算。计算过程及结果见表 9.2。

自重计算 计算挡土墙自重、假想墙背与挡土墙之间的土重量及其作用位置。为方便计算，如图 9.13 中所示将截面分为三角形部分和矩形部分分别计算。

竖向荷载包括假想墙背与挡土墙之间的土（W_1、W_2）、护壁（挡土墙 W_3、W_4 和底板 W_5~W_8）及土压力的竖向分量（P_v）。**水平荷载**有土压力的水平分量（P_h）和仅有地震作用时的地震作用荷载（H_1）。土压力计算时如本章2中所述应按照正常使用时和地震作用时分别进行。

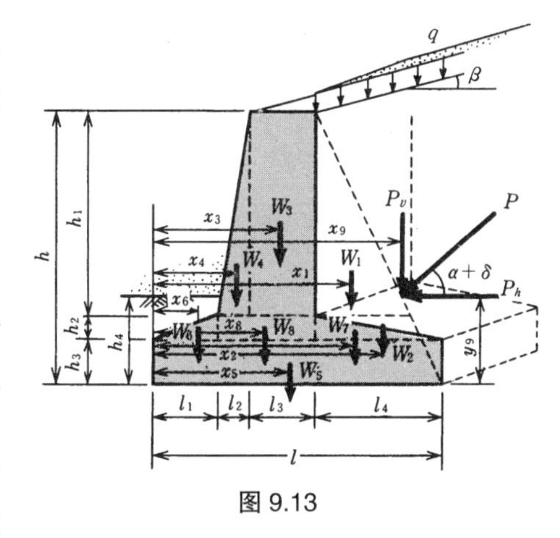

图 9.13

地震荷载 有地震作用时必须考虑地震荷载。地震荷载为水平荷载，其大小根据已知条件用公式（9.7）表示。

$$H_1 = k_h \times \sum W \tag{9.7}$$

式中，$\sum W = W_1 + W_2 + W_3 + W_4 + W_5 + W_6 + W_7 + W_8$：竖向荷载的总和。

汇总 上述各荷载的计算过程和结果见表 9.3。

土压力及作用位置（单位用 kN 和 m 表示） 表 9.2

计算内容	适用的公式或附录	计算公式	计算值	使用值
正常使用时的土压力				
β	参见图 9.8			5°
α	图 9.3	$\alpha=\tan^{-1}(l_4/h)$	$=\tan^{-1}(1.8/4.6)=21.4$	21.4°
ϕ	图 9.3			30°
δ	图 9.3	$\delta=\phi$		30°
$\alpha+\delta$	图 9.3		$=30+21.4$	51.4°
主动土压力系数 K_A	公式（9.2）	$K_A=\dfrac{\cos^2(\phi-\alpha)}{\cos^2\alpha\cos(\alpha+\delta)\left\{1+\sqrt{\dfrac{\sin(\phi+\delta)\sin(\phi-\beta)}{\cos(\alpha+\delta)\cos(\alpha-\beta)}}\right\}^2}$	$=\dfrac{\cos^2(30°-21.4°)}{\cos^2 21.4°\cos 51.4°\left\{1+\sqrt{\dfrac{\sin 60°\sin 25°}{\cos 51.4°\cos 16.4°}}\right\}^2}$	0.569
库仑土压力 P	公式（9.1）	$P=\dfrac{1}{2}K_A w_e H^2$	$=\dfrac{1}{2}\times0.569\times17\times4.6^2=102.3$	102.3 kN
土压力的水平分量 P_h		$P_h=P\cos(\alpha+\delta)$	$=102.3\times\cos 51.4°=63.8$	63.8 kN
土压力的竖向分量 P_v		$P_v=P\sin(\alpha+\delta)$	$=102.3\times\sin 51.4°=79.9$	79.9 kN
作用位置 y_9		$y_9=h/3$	$=4.6/3=1.53$	1.53 m
x_9		$x_9=l-l_4/3$	$=3-1.8/3=2.4$	2.4 m
地震作用时的土压力				
β	参见图 9.8			5°
α	图 9.3	$\alpha=\tan^{-1}(l_4/h)$	$=\tan^{-1}(1.8/4.6)=21.4$	21.4°
ϕ	图 9.3			30°
δ	图 9.3	$\delta=\phi$		30°
$\alpha+\delta$	图 9.3		$=30+21.4$	51.4°
θ	公式（9.3）	$\theta=\tan^{-1}k_h$	$=\tan^{-1}0.2=11.3$	11.3°
主动土压力系数 K_A	公式（9.2）	$K_A=\dfrac{\cos^2(\phi-\alpha-\theta)}{\cos^2\alpha\cos(\alpha+\delta+\theta)\cos\theta\left\{1+\sqrt{\dfrac{\sin(\phi+\delta)\sin(\phi-\beta-\theta)}{\cos(\alpha+\delta+\theta)\cos(\alpha-\beta)}}\right\}^2}$	$=\dfrac{\cos^2(30°-21.4°-11.3°)}{\cos^2 21.4°\cos 62.7°\cos 11.3°\left\{1+\sqrt{\dfrac{\sin 60°\sin 13.7°}{\cos 62.7°\cos 16.4°}}\right\}^2}$	0.904

库仑土压力 P	公式（9.1）	$P=\frac{1}{2}K_A w_e H^2$	$=\frac{1}{2}\times 0.904\times 17\times 4.6^2=162.6$	162.6 kN
土压力的 水平分量 P_h 竖向分量 P_v		$P_h=P\cos(\alpha+\delta)$ $P_v=P\sin(\alpha+\beta)$	$=162.6\times\cos 51.4°=101.4$ $=162.6\times\sin 51.4°=127.1$	101.4 kN 127.1 kN
作用位置 y_9 x_9		$y_9=h/3$ $x_9=l-l_4/3$	$=4.6/3=1.53$ $=3-1.8/3=2.4$	1.53 m 2.4 m

（单位用 kN 和 m 表示） 表 9.3

类别			荷载（kN）	x 方向距离（m）	弯矩（kN·m）	y 方向距离（m）	弯矩（kN·m）
竖向	土	假想墙背与挡土墙之间的土	$W_1=0.5\,w_e h_1 l_4(h_1/h)$ $=0.5\times 17\times 4.0\times 1.8\times\frac{4.0}{4.6}$ $=53.2$	$x_1=l_1+l_2+l_3+\frac{1}{3}l_4\left(\frac{h_1}{h}\right)$ $=0.75+0.2+0.25+\frac{1}{3}\times 1.8\times\frac{4.0}{4.6}=1.72$	$W_1x_1=53.2\times 1.72$ $=91.5$	$y_1=h_2+h_3+\frac{h_1}{3}$ $=0.2+0.4+\frac{4.0}{3}$ $=1.93$	$W_1y_1=53.2\times 1.93$ $=102.7$
			$W_2=0.5\,w_e h_2 l_4(h_1/h)$ $=0.5\times 17\times 0.2\times 1.8\times\frac{4.0}{4.6}$ $=2.7$	$x_2=l_1+l_2+l_3+\frac{2}{3}l_4\left(\frac{h_1}{h}\right)$ $=0.75+0.2+0.25+\frac{2}{3}\times 1.8\times\frac{4.0}{4.6}=2.24$	$W_2x_2=2.7\times 2.24$ $=6.0$	$y_2=h_3+\frac{2}{3}h_2$ $=0.4+\frac{2}{3}\times 0.2$ $=0.53$	$W_2y_2=2.7\times 0.53$ $=1.4$
		挡土墙	$W_3=w_c l_3 h_1$ $=25\times 0.25\times 4.0$ $=25.0$	$x_3=l_1+l_2+\frac{l_3}{2}$ $=0.75+0.2+\frac{0.25}{2}$ $=1.08$	$W_3x_3=25.0\times 1.08$ $=27.0$	$y_3=h_2+h_3+\frac{h_1}{2}$ $=0.2+0.4+\frac{4.0}{2}$ $=2.60$	$W_3y_3=25.0\times 2.60$ $=65.0$
			$W_4=0.5\,w_c l_2 h_1$ $=0.5\times 25\times 0.2\times 4.0$ $=10.0$	$x_4=l_1+\frac{2}{3}l_2$ $=0.75+\frac{2}{3}\times 0.2$ $=0.88$	$W_4x_4=10.0\times 0.88$ $=8.8$	$y_4=h_2+h_3+\frac{h_1}{3}$ $=0.2+0.4+\frac{4.0}{3}$ $=1.93$	$W_4y_4=10.0\times 1.93$ $=19.3$

荷载 护壁 底板	$W_5=w_c l h_3$ $=25\times3.0\times0.4$ $=30.0$		$x_5=\frac{l}{2}$ $=\frac{3.0}{2}$ $=1.50$	$W_5x_5=30.0\times1.50$ $=45.0$		$y_5=\frac{h_3}{2}$ $=\frac{0.4}{2}$ $=0.20$	$W_5y_5=30.0\times0.20$ $=6.0$
荷载 护壁 底板	$W_6=0.5\ w_c l_1 h_2$ $=0.5\times25\times0.75\times0.2$ $=1.9$		$x_6=\frac{2}{3}l_1$ $=\frac{2}{3}\times0.75$ $=0.50$	$W_6x_6=1.9\times0.50$ $=1.0$		$y_6=h_3+\frac{h_2}{3}$ $=0.4+\frac{0.2}{3}$ $=0.47$	$W_6y_6=1.9\times0.47$ $=0.9$
荷载 护壁 底板	$W_7=0.5\ w_c l_4 h_2$ $=0.5\times25\times1.8\times0.2$ $=4.5$		$x_7=l_1+l_2+l_3+\frac{l_4}{3}$ $=0.75+0.2+0.25+\frac{1.8}{3}$ $=1.80$	$W_7x_7=4.5\times1.80$ $=8.1$		$y_7=y_6$ $=0.47$	$W_7y_7=4.5\times0.47$ $=2.1$
荷载 护壁 底板	$W_8=w_c(l_2+l_3)h_2$ $=25\times0.45\times0.2$ $=2.3$		$x_8=l_1+\frac{1}{2}(l_2+l_3)$ $=0.75+\frac{1}{2}\times0.45$ $=0.98$	$W_8x_8=2.3\times0.98$ $=2.3$		$y_8=h_3+\frac{h_2}{2}$ $=0.4+\frac{0.2}{2}$ $=0.50$	$W_8y_8=2.3\times0.50$ $=1.2$
荷载 合计	$W_0=\sum W_i$ $=129.6$		$x_0=\frac{\sum W_i x_i}{\sum W_i}=\frac{M_{x0}}{W_0}$ $=1.46$	$M_{x0}=\sum W_i x_i$ $=189.7$		$y_0=\frac{\sum W_i y_i}{\sum W_i}=\frac{M_{y0}}{W_0}$ $=15.3$	$M_{y0}=\sum W_i y_i$ $=198.6$
土压力	<正常使用时> $P_v=P\sin(\alpha+\delta)=102.3\times\sin51.4°=79.9$	<地震作用时> $P_v'=P'\sin(\alpha+\delta)=162.6\times\sin51.4°=127.1$	$x_9=l-\frac{l_4}{3}$ $=3-\frac{1.8}{3}$ $=2.40$	<正常使用时> $P_v x_9$ $=7.99\times2.40$ $=19.18$	<地震作用时> $P_v' x_9$ $=12.71\times2.40$ $=30.50$		
合计	$V=W_0+P_v$ $=209.5$	$V'=W_0+P_v'$ $=256.7$	——	M_x $=M_{x0}+P_v x_9$ $=38.15$	M_x' $=M_{x0}+P_v' x_9$ $=49.47$		

水平荷载	土压力	<正常使用时> $P_h = P\cos(\alpha+\delta) = 102.3\times\cos 51.4° = 63.8$	<地震作用时> $P_h' = P'\cos(\alpha+\delta) = 162.6\times\cos 51.4° = 101.4$			$y_9 = \frac{h}{3} = \frac{4.6}{3} = 1.53$	<正常使用时> $P_h y_9 = 63.8\times 1.53 = 97.6$	<地震作用时> $P_h' y_9 = 101.4\times 1.53 = 155.1$
	地震荷载	——	$H_1 = k_h W_0 = 0.2\times 129.6 = 25.9$			$y_0 = 1.53$	——	$H_1 y_0 = 25.9\times 1.53 = 39.6$
合计		$H = P_h = 63.8$	$H' = P_h' + H_1 = 127.3$			——	$M_y = P_h y_9 = 97.6$	$M_y' = P_h' y_9 + H_1 y_0 = 194.7$

6 挡土墙的整体稳定性验算

护壁设计例题（3）

抗倾覆稳定性验算

抗倾覆稳定性验算的详细过程见表 9.4。

抗倾覆稳定性验算（单位用 kN 和 m 表示） 表 9.4

计算内容	适用的公式或附录	计算公式	计算值	使用值
正常使用时的安全性验算：是否满足条件公式 $(\gamma_i M_{sd})/M_{rd} \leq 1.0$				
倾覆弯矩 M_{sd}	由表 9.3	$M_{sd}=M_y$		97.6 kN·m
抵抗弯矩设计值 M_{rd}	由表 9.3	$M_{rd}=M_x/\gamma_0$	=381.5/1.5=254.3	254.3 kN·m
结构系数 γ_i	查表 9.1			1.5
由此，$(\gamma_i M_{sd})/M_{rd}=1.5\times97.6/254.3=0.58<1.0$。因此，是安全的。				
地震作用时的稳定性验算：是否满足条件公式 $(\gamma_i M_{sd})/M_{rd} \leq 1.0$				
倾覆弯矩 M_{sd}	由表 9.3	$M_{sd}=M_y'$		194.7 kN·m
抵抗弯矩设计值 M_{rd}	由表 9.3	$M_{rd}=M_x'/\gamma_0$	=494.7/1.5=329.8	329.8 kN·m
结构系数 γ_i	查表 9.1			1.0
由此，$(\gamma_i M_{sd})/M_{rd}=1.0\times194.7/329.8=0.60<1.0$。因此，是安全的。				

抗滑移稳定性验算

抗滑移稳定性验算的详细过程见表 9.5。

抗滑移稳定性验算（单位用 kN 和 m 表示） 表 9.5

计算内容	适用的公式或附录	计算公式	计算值	使用值
正常使用时的稳定性验算：是否满足条件公式 $(\gamma_i H_{sd})/H_{rd} \leq 1.0$				
水平作用力 H_{sd}	由表 9.3	$H_{sd}=H$		63.8 kN
摩擦系数 μ		$\mu=\tan\phi'$	=tan 40°=0.839	0.839
水平抵抗力设计值 H_{rd}	由表 9.3	$H_{rd}=\mu V/\gamma_h$	=0.839×209.5/1.5=117.1	117.1 kN
结构系数 γ_i	查表 9.1			1.5
由此，$(\gamma_i H_{sd})/H_{rd}=1.5\times63.8/117.1=0.82<1.0$，因此，是安全的。				
地震作用时的稳定性验算：是否满足条件公式 $(\gamma_i H_{sd})/H_{rd} \leq 1.0$				
水平作用力 H_{sd}	由表 9.3	$H_{sd}=H'$		127.3 kN
水平抵抗力设计值 H_{rd}	由表 9.3	$H_{rd}=\mu V'/\gamma_h$	=0.839×256.7/1.5=143.5	143.5 kN

结构系数 γ_i	查表 9.1			1.0
由此，$(\gamma_i H_{sd})/H_{rd}=1.0\times127.3/143.5=0.89<1.0$，因此，是安全的。				

地基承载力验算

先用图 9.14 和图 9.15 计算承载力系数。地基承载力验算的详细过程见表 9.6。

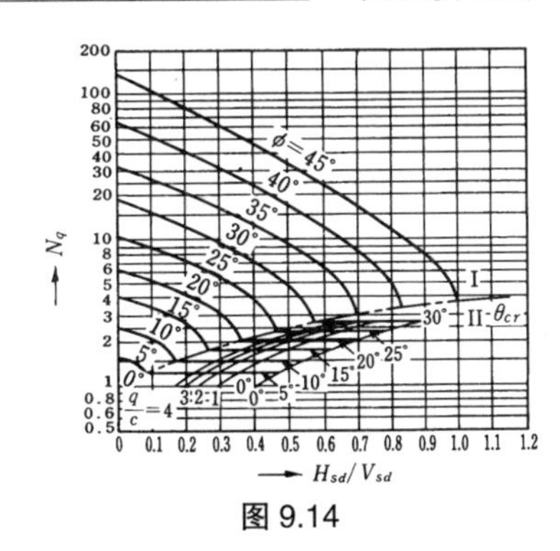

图 9.14

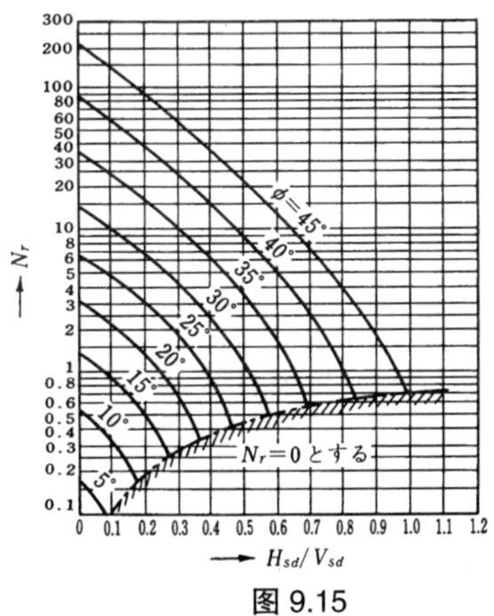

图 9.15

地基承载力验算（单位用 kN 和 m 表示） 表 9.6

计算内容	适用的公式或附录	计算公式	计算值	使用值
正常使用时的安全性验算：是否满足条件公式 $(\gamma_i V_{sd})/V_{rd}\leqslant1.0$				
竖向作用力 V_{sd}	由表 9.3	$V_{sd}=V$		209.5 kN
先计算竖向合力点到底板中心线的偏心距 e	由表 9.3	$e=l/2-(M_x-M_y)/V$	$=3/2-(38.15-9.76)/20.95$ $=0.14\leqslant(l/6=3.0/6=0.5)$ （基础底板未出现浮起）	0.14 m
l_e	由表 9.3	$l_e=l-2e$	$=3.00-2\times0.14=2.72$	2.72 m
ϕ' H_{sd}/V_{sd} 地基反力系数 N_q N_r	已知 由表 9.3 利用 ϕ' 和 H_{sd}/V_{sd} 查图 9.14 查图 9.15	$H_{sd}/V_{sd}=H/V$	$=63.8/209.5=0.305$	40° 0.305 30 23
竖向抵抗力设计值 V_{rd}	参照《道路桥梁规范同解说（Ⅳ下部结构篇）》 由表 9.3	$=l_e\{(1+0.3h_4/l_e)w_e h_4 N_q+0.5w_e' l_e N_r\}/\gamma_v$	$=2.72\times\{(1+0.3\times0.6/2.72)\times17\times0.6\times30+0.5\times18\times2.72\times23\}/1.5=1612.5$	1612.5 kN

结构系数 γ_i	查表 9.1			1.5
由此，$(\gamma_i V_{sd})/V_{rd}=1.5\times209.5/1612.5=0.20<1.0$。因此，是安全的。				
地震作用时的安全性验算：是否满足条件公式 $(\gamma_i V_{sd})/V_{rd}\leqslant1.0$				
竖向作用力 V_{sd}	由表 9.3	$V_{sd}=V'$		256.7 kN
首先计算竖向合力点到底板中心线的偏心距 e'	由表 9.3	$e'=l/2-(M_x'-M_y')/V'$	$=3/2-(49.47-19.47)/25.67$ $=0.33$	0.33 m
l_e	由表 9.3	$l_e=l-2e'$	$=3.00-2\times0.33=2.34$	2.34 m
ϕ'	已知			40°
H_{sd}/V_{sd}	由表 9.3 利用 ϕ' 和 H_{sd}/V_{sd}	$H_{sd}/V_{sd}=H'/V'$	$=127.3/256.7=0.496$	0.496
地基反力系数 N_q	查图 9.14			17.5
地基反力系数 N_r	查图 9.15			8.9
竖向抵抗力设计值 V_{rd}	参照《道路桥梁规范同解说（Ⅳ下部结构篇）》 由表 9.3	$V_{rd}=l_e\{(1+0.3h_4/l_e)\times w_e h_4 N_q+0.5w_e' l_e N_r\}/\gamma_v$	$=2.34\times\{(1+0.3\times0.6/2.34)\times17\times0.6\times17.5+0.5\times18\times2.34\times8.9\}/1.5=592.2$	592.2 kN
结构系数 γ_i	查表 9.1			1.0
由此，$(\gamma_i V_{sd})/V_{rd}=1.0\times256.7/592.2=0.44<1.0$，因此，是安全的。				

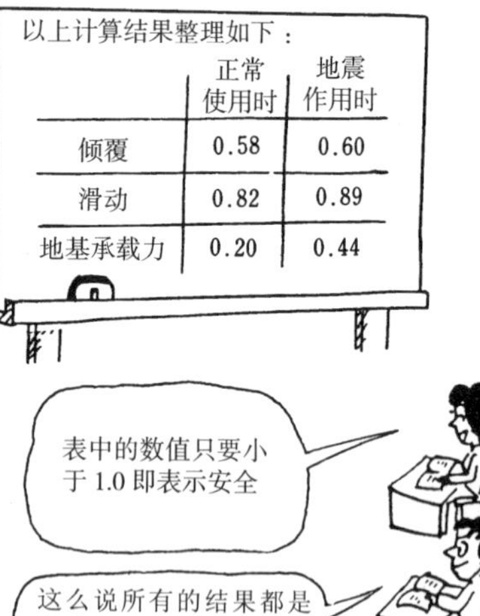

7 挡土墙的设计（受弯承载力验算）

护壁设计例题（4）

从本节起采用极限状态设计方法中惯用的 N 和 mm 为单位

护壁形式如图 9.8 中所示
– 受弯承载力验算 –
验算公式如下：

$$\frac{\gamma_i M_d}{M_{ud}} \leqslant 1.0$$

按承载力极限状态设计

序 一般认为作用在挡土墙上的轴向力很小可以忽略不计，且不受循环荷载作用下的**疲劳影响**。因此承载力极限状态设计是指**受弯承载力验算和受剪承载力验算**，正常使用极限状态设计是指**裂缝宽度验算**。

弯矩设计值 受弯承载力的验算截面为固定端和距钢筋端 x=2m 处向下至基本锚固长度的位置（见图 9.16（a））。挡土墙的截面形状和钢筋布置见图 9.16（b）。

计算流程为先计算有效高度和基本锚固长度、土压力系数，然后计算设计弯矩。

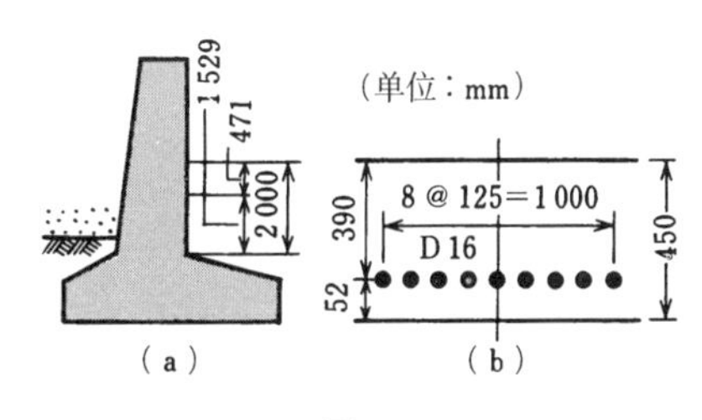

图 9.16

（1）有效高度和基本锚固长度（表 9.7）

有效高度和基本锚固长度 表 9.7

计算内容	适用的公式或附录	计算公式	计算值	使用值
保护层厚度 c	图 9.16			52 mm
钢筋直径 ϕ	图 9.16			16 mm
有效高度 d	图 9.16	$d=390-200\,x/h_1$	$=390-200\times0/4000=390$ $=390-200\times1\,538/4000=313$	390 mm 313 mm
k_c	由公式（8.3）	$k_c=\frac{c}{\phi}+\frac{15\,A_t}{s\phi}$	$=\frac{5.2}{1.6}+\frac{15\times1.267}{25.0\times1.6}=3.73$	3.73
α	k_c=3.73			0.6
f_{yd}	已知 （假定 γ_s=1.0）	$f_{yd}=\frac{f_{yk}}{\gamma_s}$	$=\frac{345}{1.0}=345$	345 N/mm²
强度标准值 f'_{ck}	已知			24 N/mm²
粘结强度 f_{bok}	由公式（1.3）	$f_{bok}=0.28\,f'^{2/3}_{ck}$	$=0.28\times24^{2/3}=2.33$	2.33 N/mm²
粘结强度设计值 f_{bod}		$f_{bod}=\frac{f_{bok}}{\gamma_c}$	$=\frac{2.33}{1.3}=1.792$	1.792 N/mm²
基本锚固长度 l_d	由公式（8.2）	$l_d=\alpha\cdot\frac{f_{yd}}{4\,f_{bod}}\cdot\phi$	$=0.6\times\frac{345}{4\times1.792}\times16=462$	462 mm

(2)土压力系数

土压力系数 表 9.8

计算内容	适用的公式或附录	计算公式	计算值	使用值
β	参见图9.8			5°
正常使用时的土压力系数				
α ϕ δ $\alpha+\delta$	图9.4(a)	$\delta=\phi/2$	$=30/2=15$ $=0+15=15$	0° 30° 15° 15°
主动土压力系数 k_1	公式(9.2)	$k_1=\frac{\cos^2(\phi-\alpha)}{\cos^2\alpha\cdot\cos(\alpha+\delta+\theta)\cos\theta\left\{1+\sqrt{\frac{\sin(\phi+\delta)\sin(\phi-\beta)}{\cos(\alpha+\delta)\cos(\alpha-\beta)}}\right\}^2}$	$=\frac{\cos^2(30°-0°-11.3°)}{\cos 0°\cos 15°\left\{1+\sqrt{\frac{\sin 45°\sin 25°}{\cos 15°\cos(-5°)}}\right\}^2}=0.320$	0.320
地震作用时的土压力系数				
α ϕ δ $\alpha+\delta$	图9.4(b)		$=0+0=0$	0° 30° 0° 0°
主动土压力系数 k_2	公式(9.3)	$k_2=\frac{\cos^2(\phi-\alpha-\theta)}{\cos^2\alpha\cdot\cos(\alpha+\delta+\theta)\cos\left\{1+\sqrt{\frac{\sin(\phi+\delta)\sin(\phi-\beta-\theta)}{\cos(\alpha+\delta+\theta)\cos(\alpha-\beta)}}\right\}^2}$	$=\frac{\cos^2(30°-0°-11.3°)}{\cos^2 0°\cos 11.3°\cos 11.3°\left\{1+\sqrt{\frac{\sin 30°\sin 13.7°}{\cos 11.3°\cos(-5°)}}\right\}^2}=0.513$	0.513

(3)弯矩设计值(表9.9)

弯矩设计值 表 9.9

计算内容	适用的公式或附录	计算公式	计算值	使用值
γ_a γ_f w_e q_0	查表9.1 查表9.1 已知 已知			1.0 1.15 17 kN/m³ 10 kN/m²
正常使用时的弯矩				
k_1 $\alpha+\delta$	表9.8 表9.8(正常使用时)			0.320 15°
弯矩设计值 M_d		$M_d=\gamma_a\gamma_f\{w_e k_1\cos(\alpha+\delta)(h_1-x)^3/6+q_0 k_1\cos(\alpha+\delta)\times(h_1-x)^2/2\}$	$=1.007\times(4-x)^3+1.777\times(4-x)^2$	

地震作用时的弯矩

k_2 w_c k_h $\alpha+\delta$	表 9.8 已知 已知 表 9.8（地震作用时）			0.513 25 kN/m³ 0.2 0°
弯矩设计值 M_d		$M_d=\gamma_a\gamma_f\{w_e k_2\cos(\alpha+\delta)(h_1-x)^3/6+q_0 k_2\cos(\alpha+\delta)\times(h_1-x)^2/2+w_c k_h\{3l_3+(l_2+l_3)\times(h_1-x)/h_1\}\times(h_1-x)^2/6\}$	$=1.779\times(4-x)^3+3.669\times(4-x)^2$	

式中 x 为到固定端的距离。对固定端以外的截面进行受弯拉应力验算时，由于是计算偏离有效高度 d 处的任意截面的弯矩，上式中的 x 用 $x-d$ 代替。所以验算截面的位置为 x=2.00−0.471−0.314=1.22m。

受弯承载力设计值

轴力很小可以忽略不计。由于配筋率明显低于界限配筋率，可以只对纵向拉弯破坏进行验算（表 9.10）。

受弯承载力设计值　　表 9.10

计算内容	适用的公式或附录	计算公式	计算值	使用值
f_{yd} f'_{cd} γ_b	已知 查表 1.2 查表 9.1	$f_{yd}=f_{yk}/\gamma_s$	$=345/1.0=345$	345 N/mm² 18.5 N/mm² 1.15
受弯承载力设计值 M_{ud}	按公式（5.1）和公式(5.4)计算	$N_{ud}=A_s f_{yd} d\{1-pf_{yd}/(2\alpha f'_{cd})\}/\gamma_b$ 因为 $f'_{ck}=24$ N/mm² 所以 $\alpha=0.85$ $M_{ud}=A_s f_{yd} d(1-0.59\,pf_{yd}/f'_{cd})/\gamma_b$	$=A_s\times345\times d\times(1-0.59\times p\times345/18.5)/1.15$ （N・mm）	

安全性验算

用以下公式进行安全性验算。

$$(\gamma_i M_d)/M_{ud}\leqslant1.0 \tag{9.8}$$

式中 γ_i：正常使用时取 1.15，地震作用时取 1.0。

对以上计算结果和按公式 9.8 验算的结果进行整理，其汇总结果见表 9.11。此时对于 x=1.22m 位置处的截面布置 4 根 ϕ16 钢筋（钢筋截面面积 A_s=794mm^2），用条件公式验算结果为 0.87，显示足够安全。此外从表中也可以看出（$\gamma_i M_d$）/M_{ud} 小于 0.96，可以认为截面受弯承载力是安全的。此时如果安全度较高可以进行以下处理。

① 减小钢筋截面面积

② 减小截面有效高度

③ 降低钢筋的屈服强度

受弯承载力验算结果 表9.11

x（m）		0		1.22	
		计算值	使用值	计算值	使用值
A_s（mm^2）		查附表3	1589	查附表3	794
d（mm）		$=390-0\times200/4000$	390	$=390-1220\times200/4000$	329
p（$=A_s/bd$）		$=1589/(1000\times390)$	0.00407	$=794/(1000\times329)$	0.00239
M_{ud}（kN·m）		$=1589\times345\times390$ $\times(1-0.59\times0.00407$ $\times345/18.5)/1.15$ =177600000 N·mm	177.6	$=794\times345\times329$ $\times(1-0.59\times0.00239$ $\times345/18.5)/1.15$ =76310000 N·mm	76.3
正常使用时（kN·m）	M_d	表9.9中公式	92.9	表9.9中公式	35.4
	$\gamma_i M_d$	$=1.15\times92.9$	106.9	$=1.15\times35.4$	40.8
	$(\gamma_i M_d)/M_{ud}$	$=106.9/177.6$	0.61	$=40.8/76.3$	0.54
地震作用时（kN·m）	M_d	表9.9中公式	172.6	表9.9中公式	66.6
	$\gamma_i M_d$	$=1.0\times172.6$	172.6	$=1.0\times66.6$	66.6
	$(\gamma_i M_d)/M_{ud}$	$=172.6/177.6$	0.98	$=66.6/76.3$	0.88

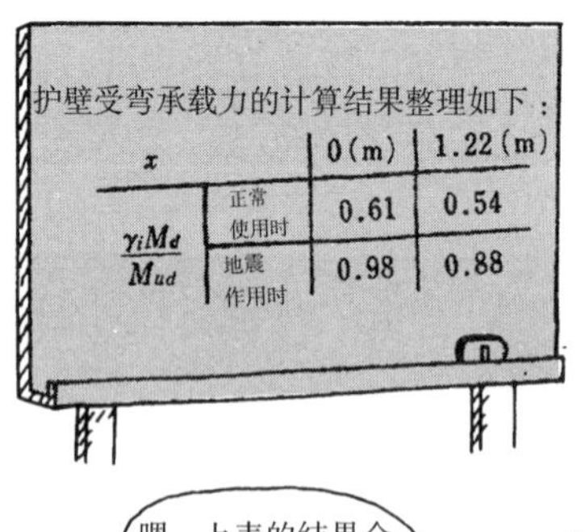

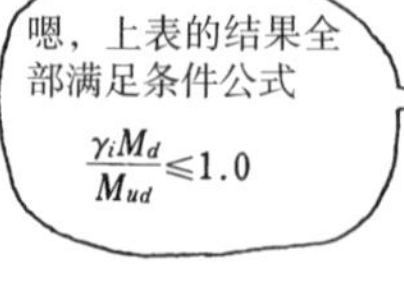

[8] 挡土墙的设计（受剪承载力验算）

护壁设计例题（5）

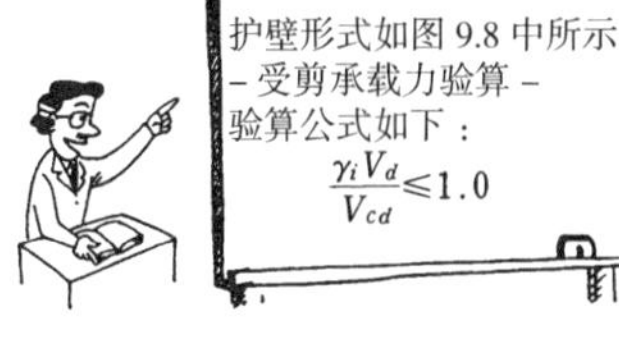

按承载力极限状态设计

序 受**剪承载力的验算截面**与受弯承载力不同，不是取固定端而是取距固定端（l_2+ l_3）/2 处的截面（x=0.45/2=0.225m）。其他验算截面的位置与受弯承载力验算时相同。

剪力设计值 当截面高度变化时，与受弯压应力和受弯拉应力的剪力的平行分量 V_{hd} 按下式计算。

$$V_{hd}=(M_d/d)\tan\alpha_c \tag{9.9}$$

式中，M_d：设计剪力作用时的弯矩（参见本章[7]）

d：截面有效高度

α_c：受压区边缘与构件轴之间的夹角，$\tan\alpha_c=l_2/h_1=0.2/4.0=0.05$

计算设计剪力的详细过程见表 9.12。

剪力设计值 **表 9.12**

计算内容	适用的公式或附录	计算公式	计算值	使用值
γ_a γ_f w_e q_o	查表 9.1 查表 9.1 已知 已知	$\gamma_f=1.0\sim1.2$		1.0 1.15 17 kN/m³ 10 kN/m²
正常使用时的剪力设计值				
$\tan\alpha_c$		$\tan\alpha_c=l_2/h_1$	$=0.2/4=0.05$	0.05
V_{hd} k_1 $\alpha+\delta$	公式（9.9） 表 9.8 表 9.8（正常使用时）	$V_{hd}=(M_d/d)\tan\alpha_c$ （d 的单位为 m）	$=0.05\times(M_d/d)$	 0.320 15°
剪力设计值 V_d		$V_d=\gamma_a\gamma_f\{w_ek_1\cos(\alpha+\delta)\times(h_1-x)^2/2+q_0k_1\cos(\alpha+\delta)\times(h_1-x)\}-V_{hd}$	$=3.021\times(4-x)^2+3.555\times(4-x)-0.05\times(M_d/d)$ （M_d 参见表 9.9）	

地震作用时的剪力设计值				
k_2 w_c k_h $\alpha+\delta$	表 9.8 已知 已知 表 9.8（地震作用时）			0.513 25 kN/m³ 0.2 0°
剪力设计值 V_d		$V_d=\gamma_a\gamma_f[w_e k_2\cos(\alpha+\delta)(h_1-x)^2/2$ $+q_0 k_2\cos(\alpha+\delta)(h_1-x)$ $+w_c k_h\{2l_3+l_2(h_1-x)/h_1\}$ $\times(h_1-x)/2]-V_{hd}$	$=4.987\times(4-x)^2+7.150$ $\times(4-x)-0.05\times(M_d/d)$ （M_d 参见表 9.9）	

受剪承载力设计值

按不配抗剪钢筋计算，详细过程见表 9.13。

受剪承载力设计值 表 9.13

计算内容		适用的公式或附录	计算公式	计算值	使用值
	β_d	由公式（5.8）	$\beta_d=\sqrt[4]{1/d}$ （d：m）	$=\sqrt[4]{1/d}$	
	β_p	由公式（5.8）	$\beta_p=\sqrt[3]{1\times p}$	$=\sqrt[3]{100\times p}$	
	f'_{cd}	查表 1.2			18.5 N/mm²
	f_{vcd}	由公式（5.8）	$f_{vcd}=0.20\sqrt[3]{f'_{cd}}$	$=0.20\times\sqrt[3]{18.5}=0.529$	0.529 N/mm²
	b_w				1000 mm
	γ_b	查表 9.1			1.3
受剪承载力设计值	V_{cd}	由公式（5.8）	$=\beta_d\beta_p\beta_n f_{vcd}b_w d/\gamma_b$	$=\beta_d\beta_p\times1.0\times0.529$ $\times1\,000\times d/1.3$ $=406.9\,\beta_d\beta_p d$	

安全性验算

用以下条件公式进行安全性验算。

$$(\gamma_i V_d)/V_{cd}\leqslant1.0 \tag{9.10}$$

式中，γ_i：正常使用时取 1.15，地震作用时取 1.0。

对上述结果和公式(9.10)的验算结果进行整理,其汇总结果见表 9.14。由该表可知（$\gamma_i V_d$）/ V_{cd} 为 0.69 以下，足够安全，可适当减小截面。从钢筋断点到计算上不需要钢筋的截面（$1.53\leqslant x\leqslant2.0$）范围内，受剪承载力设计值 V_{cd} 为剪力设计值的 1.5 倍以上，因此纵向受拉钢筋可以锚固在受拉混凝土中。此外显而易见对于斜截面抗压破坏具有足够的安全性，因此验算过程省略。

受剪承载力的验算结果　　表 9.14

x（m）		0.225		1.53		2.00	
		计算值	使用值	计算值	使用值	计算值	使用值
A_s（mm^2）		查附表 3	1589	查附表 3	794	查附表 3	794
d（mm）		$=390-225\times200/4000$	379	$=390-1530\times200/4000$	314	$=390-2000\times200/4000$	290
β_d		$=\sqrt[4]{1/0.379}$	1.275	$=\sqrt[4]{1/0.314}$	1.336	$=\sqrt[4]{1/0.29}$	1.363
p（$=A_s/bd$）		$=1589/(1000\times379)$	0.00419	$=794/(1000\times314)$	0.00253	$=794/(1000\times290)$	0.00274
β_p		$=\sqrt[3]{100\times0.00419}$	0.748	$=\sqrt[3]{100\times0.00253}$	0.632	$=\sqrt[3]{100\times0.00274}$	0.650
f_{vcd}（N/mm^2）		表 9.13	0.529	表 9.13	0.529	表 9.13	0.529
V_{cd}（kN）		表 9.13	147	表 9.13	108	表 9.13	105
正常使用时（kN）	M_d（kN·m）	表 9.9	79.5	表 9.9	26.0	表 9.9	15.2
	V_d	表 9.12	46.0	表 9.12	23.1	表 9.12	16.6
	$\gamma_i V_d$	$=1.15\times46.0$	52.9	$=1.15\times23.1$	26.6	$=1.15\times16.6$	19.1
	$\frac{\gamma_i V_d}{V_{cd}}$	$=52.9/147$	0.36	$=26.6/108$	0.25	$=19.1/105$	0.19
地震作用时（kN）	M_d（kN·m）	表 9.9	148.0	表 9.9	49.2	表 9.9	28.9
	V_d	表 9.12	78.5	表 9.12	40.3	表 9.12	29.3
	$\gamma_i V_d$	$=1.0\times78.5$	78.5	$=1.0\times40.3$	40.3	$=1.0\times29.3$	29.3
	$\frac{\gamma_i V_d}{V_{cd}}$	$=78.5/148$	0.53	$=40.3/108$	0.38	$=29.3/105$	0.28

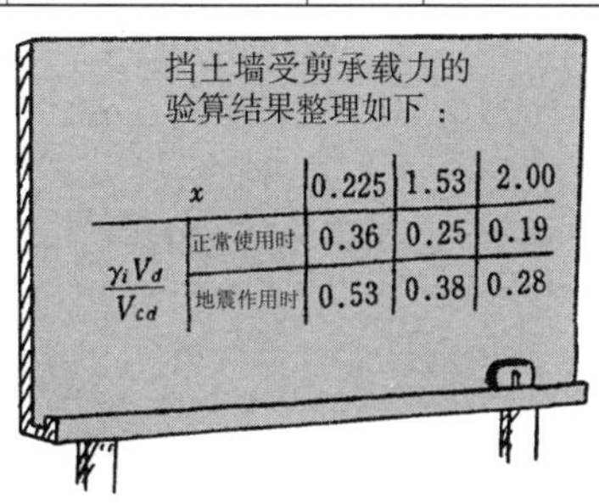

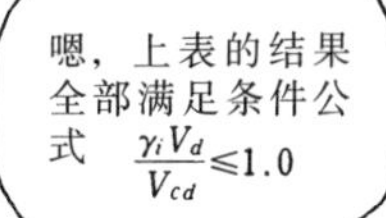

护壁设计例题(6)

9

挡土墙设计
(裂缝验算)

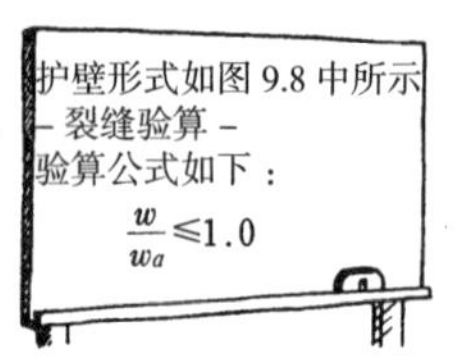

按使用极限状态设计

作用弯矩

裂缝按照正常使用极限状态验算，其安全系数如表 9.1 中所示全部为 1.0。作用弯矩计算如下：

$$M_d = w_e k_1 \cos(\alpha + \delta) \times (h_1 - x)^3/6 + q_0 k_1 \cos(\alpha + \delta) \times (h_1 - x)^2/2$$

式中 $w_e = 17\ \text{kN/m}^3$

$k_1 = 0.320$

$q_0 = 10\ \text{kN/m}^2$

$\alpha + \delta = 0° + 15° = 15°$

h_1=4.0m，代入上式得：

$$M_d = 0.876(4.0 - x)^3 + 1.55(4.0 - x)^2 \tag{9.11}$$

式中，x 为从固定端到任意点的距离。

钢筋应力

钢筋应力按照公式（3.11），可用下式表示。

$$\sigma_s = M_d / A_s jd \tag{9.12}$$

式中，$n = 8.0$ ($\because$ $E_s = 200\ \text{kN/mm}^2$，$E_c = 25\ \text{kN/mm}^2$)

$p = A_s / bd$

$k = np\{-1 + \sqrt{1 + 2/(np)}\}$

$j = 1 - k/3$

裂缝宽度

裂缝宽度按照公式（6.4），可用下式表示。

$$w = k\{(\sigma_{se}/E_s) + \varepsilon'_{csd}\} l \tag{9.13}$$

式中，k：异型钢筋时取 1.0

E_s=200kN/mm^2

ε'_{csd}=0（挡土墙的受拉区与土始终保持接触）

$l = 4c + 0.7(c_s - \phi)$

$c = 52\ \text{mm}$

$c_s = 125\ \text{mm}$ 或 250 mm

$\phi = 16\ \text{mm}$

容许裂缝宽度

因为是一般环境条件，容许裂缝宽度参照表（6.4），计算如下。

$$w_a = 0.005\,c = 0.005 \times 52 = 0.26\ \text{mm} \tag{9.14}$$

式中，c为保护层厚度。

安全性验算

按照公式（9.11）~（9.14）进行计算，并用以下公式进行安全性验算。

$$w/w_a \leqslant 1.0 \tag{9.15}$$

计算得到的各步骤的计算结果见表 9.15。

由表中结果可见，w/w_a为 0.73 以下，满足由耐久性确定的裂缝宽度要求。

表 9.15

x(m)	参考公式	0	1.0	1.53	2.0	3.0
M_d(kN·m)	(9.11)	80.9	37.6	22.7	13.2	2.4
p		0.00407	0.00467	0.00253	0.00274	0.00331
np		0.0326	0.0374	0.0202	0.0219	0.0265
k		0.225	0.239	0.182	0.189	0.205
j	(9.12)	0.925	0.920	0.939	0.937	0.932
A_s（mm^2）		1589	1589	794	794	794
d（mm）		390	340	314	290	240
σ_{se}（N/mm）		141	76	97	61	14
c_s（mm）		125	125	250	250	250
l（mm）	(9.13)	284	284	372	372	372
w（mm）		0.20	0.11	0.18	0.12	0.03
w_a（mm）	(9.14)	0.26	0.26	0.26	0.26	0.23
w/w_a	(9.15)	0.77	0.43	0.70	0.47	0.12

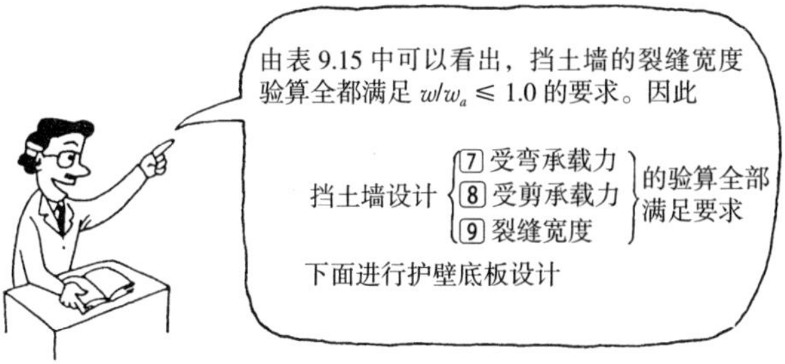

由表 9.15 中可以看出，挡土墙的裂缝宽度验算全都满足 $w/w_a \leqslant 1.0$ 的要求。因此

挡土墙设计 { 7 受弯承载力 / 8 受剪承载力 / 9 裂缝宽度 } 的验算全部满足要求

下面进行护壁底板设计

10 底板设计（受弯承载力验算）

护壁设计例题（7）

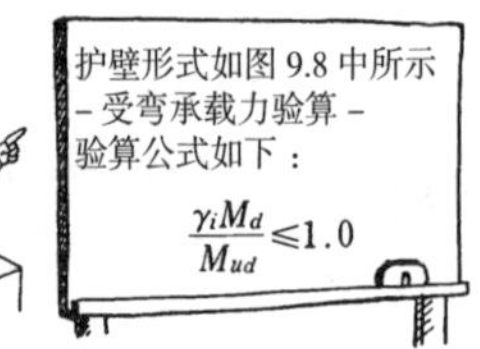

按承载力极限状态设计

序 设计护壁底板与设计挡土墙一样，先假定截面，然后计算土压力，墙背填土的重量，自重以及地基反力，最后进行受弯承载力验算。

验算截面 **受弯承载力的验算截面**取固定端，截面配筋见图 9.12。

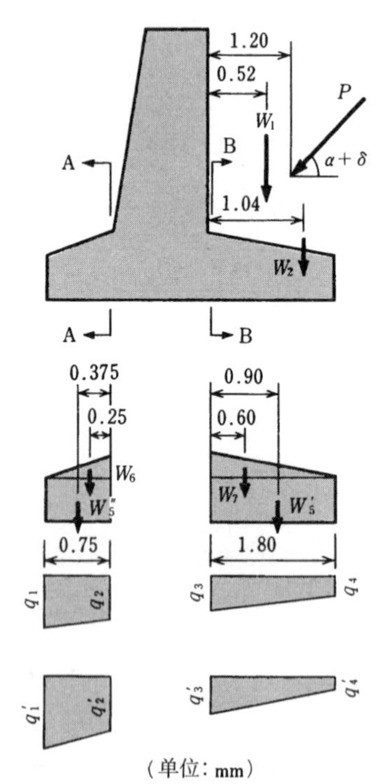

图 9.17 土压力，墙背填土的重量，自重及地基反力（单位 m）

土压力、墙背填土重量、自重及地基反力

在计算弯矩之前，先计算土压力、墙背填土重量、自重及地基反力（表 9.16）。

土压力、墙背填土重量、自重及地基反力 表 9.16

计算内容	适用的公式或附录	计算公式	计算值	使用值
墙背填土重量 W_1	由表 9.3			53.2 kN
墙背填土重量 W_2	由表 9.3			2.7 kN
底板重量 W_6	由表 9.3			1.9 kN
底板重量 W_7	由表 9.3			4.5 kN
底板重量 W_5'	参见图 9.17	$W_5'=w_c h_3 l_4$	$=25\times0.4\times1.80=18.0$	18.0 kN
底板重量 W_5''	参见图 9.17	$W_5''=w_c h_3 l_1$	$=25\times0.4\times0.75=7.5$	7.5 kN
正常使用极限状态时的地基反力				
土压力 W_0	由表 9.3			129.6 kN
土压力 P_v				79.9 kN
偏心量 e	查表 9.6			0.14 m
地基反力 q_1	参见图 9.17	$\left.\begin{matrix}q_1\\q_2\end{matrix}\right\}=\frac{1}{l}\times(W_0+P_v)\times\left(1\pm\frac{6e}{l}\right)$	$=\frac{1}{3.0}\times(129.6+79.9)\times\left(1\pm\frac{6\times0.14}{3.0}\right)$	89.4 kN/m²
地基反力 q_4	参见图 9.17			50.3 kN/m²
地基反力 q_2	由 q_1、q_4	$q_2=q_4+(q_1-q_4)\times(l-l_1)/3$	$=50.3+(89.4-50.3)\times2.25/3$	79.6 kN/m²
地基反力 q_3	由 q_1、q_4	$q_3=q_4+(q_1-q_4)\times l_4/3$	$=50.3+(89.4-50.3)\times1.80/3$	73.8 kN/m²
地震作用时的地基反力				
土压力 W_0	由表 9.3			129.6 kN
土压力 P_v'				127.1 kN
偏心量 e'	由表 9.6			0.33 m
地基反力 q_1'	参见图 9.17	$\left.\begin{matrix}q_1'\\q_4'\end{matrix}\right\}=\frac{1}{l}\times(w_0+P_v')\times\left(1\pm\frac{6e}{l}\right)$	$=\frac{1}{3.0}\times(129.6+127.1)\times\left(1\pm\frac{6\times0.33}{3.0}\right)$	142.0 kN/m²
地基反力 q_4'	参见图 9.17			29.1 kN/m²
地基反力 q_2'	由 q_1、q_4	$q_2'=q_4'+(q_1'-q_4')\times(l-l_1)/3$	$=29.1+(142.0-29.1)\times2.25/3$	113.8 kN/m²
地基反力 q_3'	由 q_1、q_4	$q_3'=q_4'+(q_1'-q_4')\times l_4/3$	$=29.1+(142.0-29.1)\times1.80/3$	96.8 kN/m²

弯矩设计值

按照图 9.17 和表 9.16 计算设计弯矩，其结果见表 9.17。

弯矩设计值 表 9.17

计算内容	适用的公式或附录	计算公式	计算值	使用值
墙背填土重量 底板重量 地基反力	参见表 9.16			表 9.16 中的各值

正常使用极限状态时的弯矩设计值		
A–A 截面的弯矩设计值 M_d	$M_d=\gamma_a\gamma_f(1/3\times q_1\times0.75^2+1/6\times q_2\times0.75^2-W_6\times0.25-W_5''\times0.375)$ $=1.0\times1.15\times(1/3\times89.4\times0.75^2+1/6\times79.6\times0.75^2-1.9\times0.25-7.5\times0.375)$ $=24.1$	24.1 kN·m
B–B 截面的弯矩设计值 M_d	$M_d=\gamma_a\gamma_f(P_v\times1.20\times W_1\times0.52+W_2\times1.04+W_7\times0.60+W_5'\times0.90-1/6\times q_3\times1.80^2-1/3\times q_4\times1.80^2)$ $=1.0\times1.15\times(79.9\times1.20+53.2\times0.52+2.7\times1.04+4.5\times0.60+18.0\times0.90-1/6\times73.8\times1.80^2-1/3\times50.3\times1.80^2)=58.8$	58.8 kN·m
地震作用时的弯矩设计值		
A–A 截面的弯矩设计值 M_d	$M_d=\gamma_a\gamma_f(1/3\times q_1'\times0.75^2+1/6\times q_2'\times0.75^2-W_6\times0.25-W_5''\times0.375)$ $=1.0\times1.15\times(1/3\times142.0\times0.75^2+1/6\times113.8\times0.75^2-1.9\times0.25-7.5\times0.375)$ $=39.2$	39.2 kN·m
B–B 截面的弯矩设计值 M_d	$M_d=\gamma_a\gamma_f(P_v'\times1.20+W_1\times0.52+W_2\times1.04+W_7\times0.60+W_5'\times0.90-1/6\times q_3'\times1.80^2-1/3\times q_4'\times1.80^2)$ $=1.0\times1.15\times(127.1\times1.20+53.2\times0.52+2.7\times1.04+4.5\times0.60+18.0\times0.90-1/6\times66.8\times1.80^2-1/3\times29.1\times1.80^2)$ $=136.0$	136.0 kN·m

弯矩承载力设计值

轴力很小可忽略不计。由于配筋率明显低于界限配筋率，可以只对纵向受拉钢筋进行安全性验算（表 9.18）。

弯矩承载力设计值 表 9.18

计算内容	适用的公式或附录	计算公式	计算值	使用值
f_{yd} f'_{cd} γ_b	已知 查表 1.2 查表 9.1	$f_{yd}=f_{yk}/\gamma_s$	$=345/1.0=345$	345 N/mm² 18.5 N/mm² 1.15
受弯承载力设计值 M_{ud}	参见表 9.10	$M_{ud}=A_sf_{yd}d(1-0.59\,pf_{yd}/f_{cd})/\gamma_b$	$=A_s\times345\times d(1-0.59\times p\times345/18.5)/1.15$ （N · mm）	

安全性验算

用以下条件公式进行安全性验算。

$$(\gamma_iM_d)/M_{ud}\leqslant1.0 \qquad (9.16)$$

式中，γ_i：正常使用时取 1.15，地震作用时取 1.0。

表 9.19 中汇总了以上各计算结果和按公式 9.16 进行验算的结果。从该表中可以看出地震作用时（γ_iM_d）/M_{ud} 的值为 0.90 以下，因此截面安全。

受弯承载力验算结果 表 9.19

x（m）		A-A 截面		B-B 截面	
		计算值	使用值	计算值	使用值
A_s（mm^2）		查附表 3	507	查附表 3	1014
d（mm）		$=500-0\times200/7500$	500	$=540-0\times200/1800$	540
p（$=A_s/bd$）		$=507/(1000\times500)$	0.00101	$=1014/(1000\times540)$	0.00188
M_{ud}（kN・m）		表 9.18	7.63	表 9.18	15.11
正常使用时（kN・m）	M_d	表 9.17	24.1	表 9.17	58.8
	$\gamma_i M_d$	$=1.15\times24.1$	27.8	$=1.15\times58.8$	67.7
	$(\gamma_i M_d)/M_{ud}$	$=27.8/75.2$	0.37	$=67.7/160.9$	0.42
地震作用时（kN・m）	M_d	表 9.17	39.2	表 9.17	136.0
	$\gamma_i M_d$	$=1.0\times39.2$	39.2	$=1.0\times136.0$	136.0
	$(\gamma_i M_d)/M_{ud}$	$=39.2/75.2$	0.53	$=136.0/160.9$	0.85

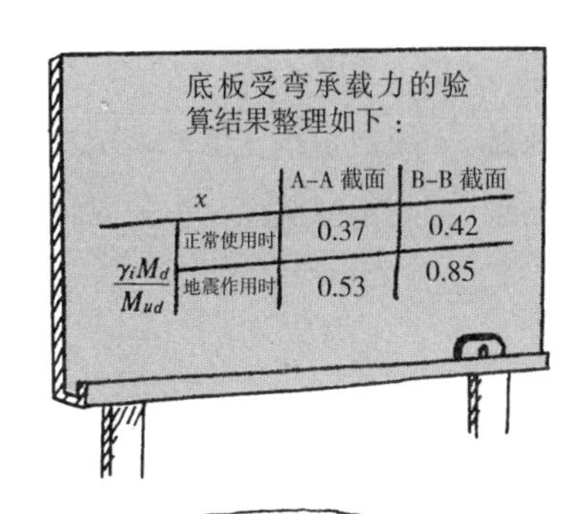
底板受弯承载力的验算结果整理如下：

$\frac{\gamma_i M_d}{M_{ud}}$ x		A-A 截面	B-B 截面
	正常使用时	0.37	0.42
	地震作用时	0.53	0.85

11

护壁设计例题(8)

底板设计
(受剪承载力验算)

按承载力极限状态设计

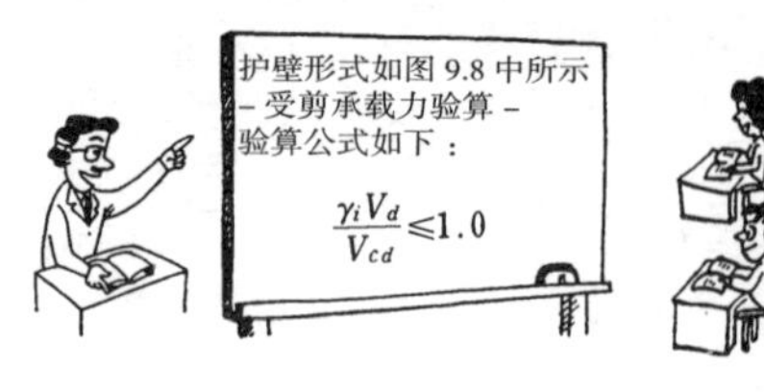

序 底板受剪承载力验算与挡土墙验算一样，先假定截面，然后计算土压力，墙背填土重量，自重以及地基反力，最后进行受剪承载力验算。

验算截面 **受剪承载力验算截面分**为趾部（图 9.18）和踵部，按以下方法考虑。

趾部（前趾）：距固定端 $h_4/2$（=0.6/2=0.3m）处的截面（A′–A′ 截面）。

踵部（后趾）：固定端截面（B–B 截面）

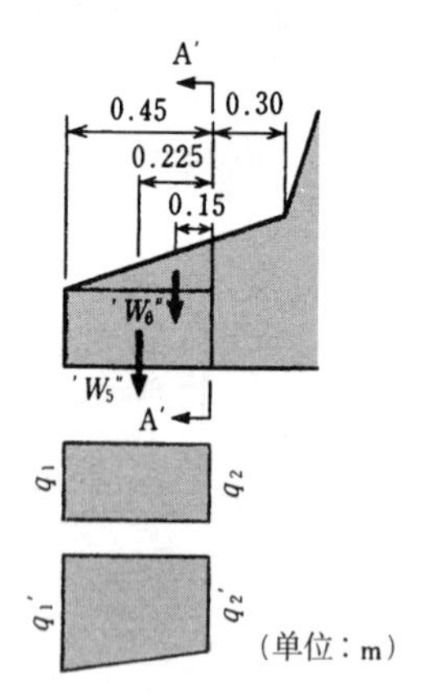

图 9.18 土压力、墙背填土重量、自重及地基反力

土压力、墙背填土重量、自重及地基反力

计算设计剪力之前，先计算土压力、墙背填土重量、自重及地基反力（表9.20）。

土压力、墙背填土重量、自重及地基反力　表9.20

计算内容		适用的公式或附录	计算公式	计算值	使用值
墙背填土重量	W_1	由表9.3			53.2 kN
	W_2	由表9.3			2.7 kN
底板重量	$'W_6''$	参见图9.18	$'W_6''=1/2\times w_c\times0.2/0.75\times0.45\times0.45$	$=1/2\times25\times0.2/0.75\times0.45^2=0.68$	0.68 kN
	W_7	由表9.3			4.5 kN
	W_5'	参见图9.17	$W_5'=w_ch_3l_4$	$=25\times0.4\times1.80=18.0$	18.0 kN
	W_5''	参见图9.17	$W_5''=w_ch_3l_1$	$=25\times0.4\times0.75=7.5$	7.5 kN
	$'W_5''$	参见图9.18	$'W_5''=w_ch_3\times0.45$	$=25\times0.4\times0.45=4.5$	4.5 kN
地基反力	$'q_2$	图9.18 表9.16	$'q_2=q_2+(q_1-q_2)/0.75\times0.30$	$=79.6+(89.4-79.6)/0.75\times0.30=83.5$	83.5 kN/m²
	$'q_2'$	图9.18 表9.16	$'q_2'=q_2'+(q_1'-q_2')/0.75\times0.30$	$=113.8+(142.0-113.8)/0.75\times0.30=125.1$	125.1 kN/m²

剪力设计值

按照图9.18和表9.20计算设计剪力，其结果见表9.21。

剪力设计值　表9.21

正常使用时的剪力设计值		
A′-A′截面		
有效高度 d	$d=540-200\times300/750=460\text{ mm}=0.46\text{ m}$（参照图9.16、图9.18）	0.46 m
弯矩设计值 M_d	$M_d=1/3\times89.4\times0.45^2+1/6\times79.6\times0.45^2-0.68\times0.15-4.5\times0.225=7.7$	7.7 kN·m
剪力设计值 V_d	$V_d=\gamma_a\gamma_f(1/2\times q_1\times0.45+1/2\times{}'q_2\times0.45-{}'W_6''-{}'W_5'')-\tan\alpha_c\times M_d/d=1.0\times1.15\times(1/2\times89.4\times0.45+1/2\times83.5\times0.45-0.68-4.5)-0.2/0.75\times7.7/0.46=34.4$	34.4 kN
B-B截面		
有效高度 d	$d=540-0\times200/1800=540\text{ mm}=0.54\text{ m}$（图9.16、图9.18）	0.54 m
弯矩设计值 M_d	$M_d=58.8$（见表9.17）	58.8 kN·m
剪力设计值 V_d	$V_d=\gamma_a\gamma_f\{P_y+W_1+W_2+W_7+W_5'-1/2\times(q_3+q_4)\times l_4\}-\tan\alpha_t\times M_d/d=1.0\times1.15\times\{79.9+53.2+2.7+4.5+18.0-1/2\times(73.8+50.3)\times1.80\}-0.2/1.8\times58.8/0.54=41.5$	41.5 kN

地震作用时的剪力设计值

A′-A′ 截面		
弯矩设计值 M_d	$M_d=1/3\times142.0\times0.45^2+1/6\times125.1\times0.45^2-0.68\times0.15-4.5\times0.225$ $=12.7$	12.7 kN·m
剪力设计值 V_d	$V_d=\gamma_a\gamma_f(1/2\times q_1'\times0.45+1/2\times q_2'\times0.45-W_6''-W_5'')-\tan\alpha_c\times M_d/d$ $=1.0\times1.15\times(1/2\times142.0\times0.45+1/2\times125.1\times0.45-0.68-4.5)$ $-0.2/0.75\times12.7/0.46=55.8$	55.8 kN
B-B 截面		
弯矩设计值 M_d	$M_d=136.0$（表 9.17）	136.0 kN·m
剪力设计值 V_d	$V_d=\gamma_a\gamma_f\{P_y+W_1+W_2+W_7+W_5'-1/2\times(q_3'+q_4')\times l_4\}-\tan\alpha_t\times M_d/d$ $=1.0\times1.15\times\{127.1+53.2+2.7+4.5+18.0-1/2\times(96.8+29.1)$ $\times1.80\}-0.2/1.8\times136.0/0.54=78.1$	78.1 kN

受剪承载力设计值

按照无抗剪钢筋计算，计算过程及结果见表 9.22。

受剪承载力设计值（参见表 9.13） 表 9.22

计算内容		适用的公式或附录	计算公式	计算值	使用值
	β_d	由公式（5.8）	$\beta_d=\sqrt[4]{1/d}$ 〔d:m〕	$=\sqrt[4]{1/d}$	
	β_p	由公式（5.8）		$=\sqrt[3]{100\times p}$	
	f'_{cd}	查表 1.2			18.5 N/mm²
	f_{vcd}	由公式（5.8）	$f_{vcd}=0.20\sqrt[3]{f'_{cd}}$	$=0.20\times\sqrt[3]{18.5}$ $=0.529$	0.529 N/mm²
	b_w				1 000 mm
	γ_b	查表 9.1			1.3
设计剪应力	V_{cd}	由公式（5.8）	$V_{cd}=\beta_d\beta_p\beta_n f_{vcd}b_w d/\gamma_b$	$=\beta_d\beta_p\times1.0\times0.529\times1000\times d/1.3$ $=406.9\,\beta_d\beta_p d$	

安全性验算

用以下条件公式进行安全性验算。

$$(\gamma_i V_d)/V_{cd}\leqslant1.0 \tag{9.17}$$

式中，γ_i：正常使用时取 1.15，地震作用时取 1.0。

表 9.23 中汇总了以上各计算结果和按公式 9.17 进行验算的结果。从该表中可以看出，$(\gamma_i V_d)/V_{cd}$ 为 0.55 以下，因此截面安全。

受剪承载力验算结果 表 9.23

x（m）		A′–A′ 截面 计算值	A′–A′ 截面 使用值	B–B 截面 计算值	B–B 截面 使用值
A_s（mm²）		查附表 3	507	查附表 3	1014
d（mm）		由表 9.21	460	由表 9.21	540
β_d		$=\sqrt[4]{1/0.46}$	1.21	$=\sqrt[4]{1/0.54}$	1.17
p（$=A_s/bd$）		=507/(1000×460)	0.00110	=1014/(1000×540)	0.00188
β_p		$=\sqrt[3]{100\times0.00110}$	0.479	$=\sqrt[3]{100\times0.00188}$	0.573
f_{vcd}（N/mm²）		由表 9.22	0.529	由表 9.22	0.529
V_{cd}（kN）		由表 9.22	108.5	由表 9.22	147.3
正常使用时（kN）	M_d（kN·m）	由表 9.21	7.7	由表 9.21	58.8
	V_d	由表 9.21	34.4	由表 9.21	41.5
	$\gamma_i V_d$	=1.15×34.4	39.6	=1.15×41.5	47.7
	$(\gamma_i V_d)/V_{cd}$	=39.6/108.5	0.37	=47.7/147.3	0.33
地震作用时（kN）	M_d（kN·m）	由表 9.21	12.7	由表 9.21	135.9
	V_d	由表 9.21	55.8	由表 9.21	78.1
	$\gamma_i V_d$	=1.0×55.8	55.8	=1.0×78.1	78.1
	$(\gamma_i V_d)/V_{cd}$	=55.8/108.5	0.52	=78.1/147.3	0.53

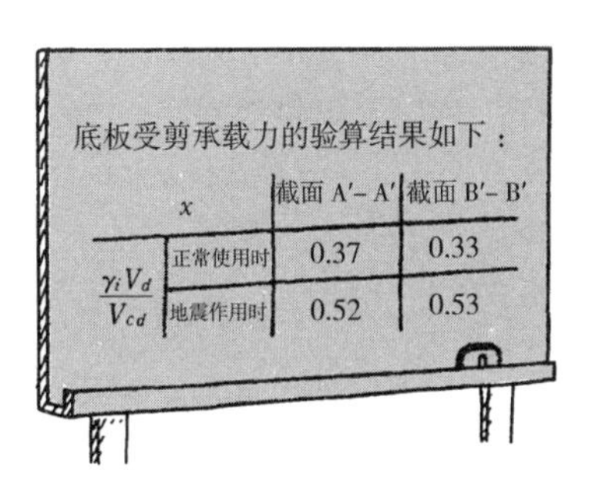

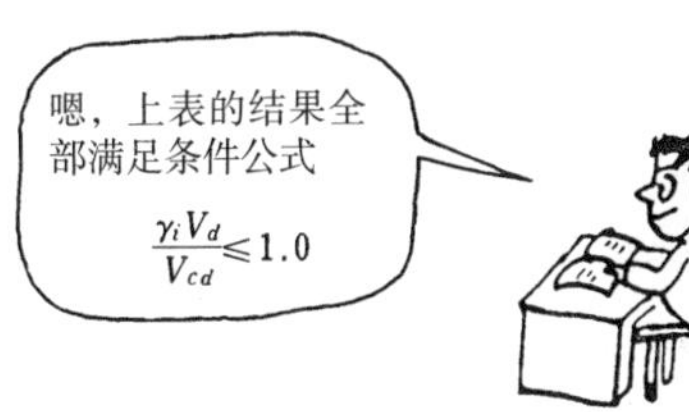

12

护壁设计例题（9）

底板设计（裂缝验算）

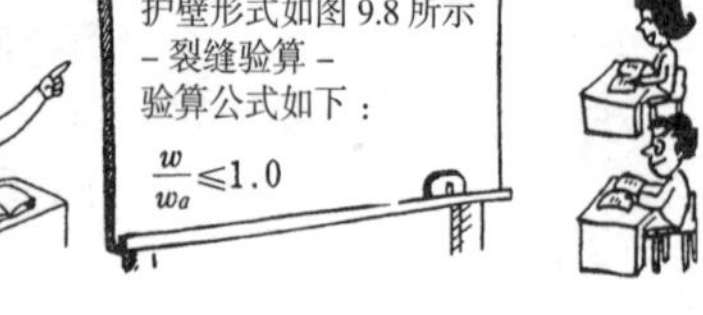

序 验算底板裂缝的方法与本章⑨中挡土墙的裂缝验算方法相同。

作用弯矩 如表 9.1 中所示，裂缝验算时的安全系数采用正常使用极限状态栏中的值，均为 1.0，作用弯矩 M_d 由表 9.17 中的 M_d 值除以 1.15 后得到。

钢筋应力 钢筋应力按照公式（3.11）用下式表示。

$$\sigma_s = M_d/(A_s jd) \tag{9.18}$$

式中，$n=8.0$ （∵ $E_s=200\ \text{kN/mm}^2$，$E_c=25\ \text{kN/mm}^2$）

$p=A_s/bd$

$k=np\{-1+\sqrt{1+2/(np)}\}$

$j=1-k/3$

裂缝宽度 裂缝宽度按照公式（6.4）用下式表示。

$$w=k\{(\sigma_{se}/E_s)+\varepsilon'_{csd}\}l \tag{9.19}$$

式中，k：螺纹钢筋时取 1.0

E_s=200kN/mm^2

$\varepsilon'_{csd}\approx 150\times10^{-6}$

l=4c+0.7（c_s–ϕ）

c：A–A 截面：c=94mm，B–B 截面：c=54mm

c_s=125mm 或 250mm

ϕ=13mm

容许裂缝宽度 一般环境条件下，容许裂缝宽度参照表（6.4）用下式表示。其中 c 为保护层厚度。

$$\left.\begin{array}{l}\text{A–A 截面：} w_a=0.005\,c=0.005\times94=0.47\ \text{mm}\\ \text{B–B 截面：} w_a=0.005\,c=0.005\times54=0.27\ \text{mm}\end{array}\right\} \tag{9.20}$$

安全性验算

用以下公式进行安全性验算。

$$w/w_a \leqslant 1.0 \tag{9.21}$$

表 9.24 中汇总了按公式（9.18）~（9.20）计算的各步骤的计算结果和按公式 9.21 进行验算的结果。

从该表中可以看出 $w/w_a \leqslant 0.71$，满足由耐久性确定的裂缝宽度的要求。

裂缝宽度验算 表 9.24

x（m）	截面 A- A		截面 B- B	
	计算值	使用值	计算值	使用值
M_d（kN·m）	$=24.1/1.15$	21.0	$=58.8/1.15$	51.1
A_s（mm^2）	查附表 3	507	查附表 3	1014
d（mm）	$=500-0\times200/750$	500	$=540-0\times200/1800$	540
p	$=507/(1000\times500)$	0.00101	$=1014/(1000\times540)$	0.00188
np	$=8.0\times0.00101$	0.0081	$=8.0\times0.00188$	0.0150
k	$=0.0081\times(-1+\sqrt{1+2/0.0081})$	0.119	$=0.0150\times(-1+\sqrt{1+2/0.0150})$	0.159
j	$=1-0.119/3$	0.960	$=1-0.159/3$	0.947
σ_{se}（N/mm^2）	$=21.0\times10^6/(507\times0.960\times500)$	86.3	$=51.1\times10^6/(1014\times0.947\times540)$	98.5
l（mm）	$=4\times94+0.7\times(250-13)$	542	$=4\times54+0.7\times(125-13)$	294
w（mm）	$=\left(\frac{86.3}{200\times10^3}+150\times10^{-6}\right)\times542$	0.32	$=\left(\frac{98.5}{200\times10^3}+150\times10^{-6}\right)\times294$	0.19
w_a（mm）	$=0.005\times94$	0.47	$=0.005\times54$	0.27
w/w_a	$=0.32/0.47$	0.68	$=0.19/0.27$	0.71

按照图 9.9 中所示流程，进行
稳定性验算
↓
挡土墙设计
↓
底板设计
根据 4 ~ 12 的计算结果对**使用材料、截面或配筋进行调整**，在此予以省略

通过对底板进行验算，A–A 截面、B–B 截面都能满足条件公式 $w/w_a \leqslant 1.0$

由以上结果可见，底板设计中，10受弯承载力、11受剪承载力、12裂缝宽度的验算全都 ok。
那，下面该……

第9章 问题

〔问题1〕 护壁有几种形式，请进行分类。

〔问题2〕 回答以下关于护壁整体稳定性验算的问题。

（1）进行护壁整体稳定性验算时，承载力极限状态、正常使用极限状态和疲劳极限状态中，应采用哪种状态？

（2）请举出护壁稳定的三个条件。

（3）写出（2）中各稳定性的验算公式。

〔问题3〕 用流程表形式写出护壁的设计流程。

问题解答

—第 1 章　问题解答—

[问题 1]

（1）钢筋与混凝土的膨胀系数基本相等。

（2）钢筋与混凝土的粘结强度大。

（3）埋入混凝土中的钢筋不容易锈蚀。

[问题 2]

< 优点 >

（1）耐火性、耐久性好。

（2）易于建设各种形状、尺寸的构筑物。

（3）与其他类型的结构比较，经济性好、维护修理费少。

（4）振动、噪音小。

< 缺点 >

（1）自重较大，不利于在软弱地基上建造。

（2）易产生裂缝、容易产生局部损坏。

（3）不易于进行检查和改造。

（4）施工粗放，不容易控制质量。

[问题 3]

1. 标准养护，2. 28，3. 10~13，4. 5~7，5. 200，

6. 25，7. $n=E_s/E_c=8.0$，8. 螺纹钢筋，9. 普通光面钢筋

[问题 4]

符号	符号含义	符号	符号含义
I_e	换算截面惯性矩	l_0	钢筋锚固长度
f'_c	混凝土抗压强度	M	弯矩
c_{min}	最小保护层厚度	w	裂缝宽度
E_c	混凝土弹性模量	F_r	变幅荷载
p	纵向受拉钢筋配筋率	S_p	由永久荷载作用产生的截面内力

一第 2 章　问题解答一

[问题 1]

1. 熟石灰，2. 石灰，3. 粘接剂，4. 金字塔，5. 火山灰，6. 石灰，7. 铁丝网，8. 钢筋混凝土，9. 花盆，10. 混凝土管，11. 楼板，12. $\sigma'_{ca} \leqslant f'_{ck}/k$，13. $\sigma_{ta} \approx 0$，14. 施工质量的好坏

[问题 2]

$n=E_s/E_c=15$

[问题 3]

1）承载力极限状态，2）正常使用极限状态，3）疲劳极限状态

一第 3 章　问题解答一

[问题 1]

$p=A_s/bd=1\,146/(400\times600)=0.0048$

由公式（3.2）得：$k=\sqrt{2np+(np)^2}-np$

$=\sqrt{2\times15\times0.0048+(15\times0.0048)^2}-15\times0.0048=0.314$

中和轴位置　$x=kd=0.314\times600=188$ mm

由公式（3.7）得：$j=1-k/3=1-0.314/3=0.895$

由公式（3.8）得：$\sigma_s=M/(pbjd^2)=8.6\times10^7/(0.0048\times400\times0.895\times600^2)$

$=139.0$ N/mm² $<\sigma_{sa}$……OK

由公式（3.9）得：$\sigma'_c=2M/(kbjd^2)=2\times8.6\times10^7/(0.314\times400\times0.895\times600^2)$

$=4.3$ N/mm² $<\sigma'_{ca}$……OK

[问题 2]

（1）由公式（3.4）得：　$p=A_s/(bd)=7\,942/(2000\times900)=0.0044$

$t/d=0.1778$，$np=15\times0.0044=0.066$

由公式（3.5）得：$k=\{np+(1/2)(t/d)^2\}/\{np+(t/d)\}$

$=\{0.066+(1/2)\times0.1778^2\}/(0.066+0.1778)=0.336$

中和轴位置　$x=kd=0.336\times900=302.4$ mm

（2）因为 $x>t$，所以按 T 形梁设计

由公式（3.10）得：　$j=0.922$

由公式（3.11）得：　$\sigma_s=M/(A_sjd)=1000000000/(7942\times0.922\times900)$

$=151.7$ N/mm²

由公式（3.12）得：$\sigma_c'=k\sigma_s/\{n(1-k)\}=0.336\times151.7/\{15\times(1-0.336)\}=5.1\ \text{N/mm}^2$

（3）由公式（3.15）得：$M_{rc}=7\times\{1-160/(2\times0.336\times900)\}\times2000\times160\times0.922\times900$
$=1.367\times10^9\ \text{N·mm}=1367\ \text{kN·m}$

由公式（3.16）得：$M_{rs}=176\times7942\times0.922\times900=1.179\times10^9\ \text{N·mm}=1179\ \text{kN·m}$

因为 $M_{rc}>M_{rs}$，因此，抵抗弯矩 $M_r=M_{rs}=1179\text{kN}\cdot\text{m}$

[问题 3]

查表（3.1）得 $\sigma_{ca}'=9\ \text{N/mm}^2$，查附表 5 得 $C_1=0.774$，$C_2=0.00859$

由公式（3.17）得：$d=C_1\sqrt{M/b}=0.774\times\sqrt{80000000/400}=346\ \text{mm}$

因此，取有效高度 d=350mm。

由公式（3.19）得：$A_s=C_2\sqrt{bM}=0.00859\times\sqrt{400\times80000000}=1\,536\ \text{mm}^2$

当采用 ϕ19 的钢筋时，需要 6 根（A_s=1719mm^2）

[问题 4]

查表（3.1）得：$\sigma_{ca}'=9\ \text{N/mm}^2$

由公式（3.21）得：$k=n\sigma_{ca}'/(n\sigma_{ca}'+\sigma_{sa})=15\times9/(15\times9+176)=0.434$

由公式（3.22）得：$D=\dfrac{M}{2\,\sigma_{ca}'bt}+\dfrac{t}{4}\left(1+\dfrac{1}{k}\right)=\dfrac{340000000}{2\times9\times1400\times160}+\dfrac{160}{4}\left(1+\dfrac{1}{0.434}\right)$
$=216\ \text{mm}$

由公式（3.23）得：$d=D+\sqrt{D^2-t^2/3\,k}=216+\sqrt{216^2-160^2/(3\times0.434)}=380\ \text{mm}$

$x=kd=0.434\times380=165\ \text{mm}>t(=160\ \text{mm})$，因此，按 T 形截面计算。

由公式（3.25）得：$A_s=\dfrac{\sigma_{ca}'bt}{\sigma_{sa}}\left(1-\dfrac{t}{2\,kd}\right)=\dfrac{9\times1400\times160}{176}\left(1-\dfrac{160}{2\times0.434\times380}\right)$
$=5898\ \text{mm}^2$

当采用 ϕ32 的钢筋时，需要 8 根（A_s=6354mm^2）

[问题 5]

由“问题 2”的解得：j=0.922

由公式（3.29）得：$\tau=V/(bjd)=320000/(500\times0.922\times900)=0.77\ \text{N/mm}^2$

查附表 3 得：u=1000mm

由公式（3.30）得：$\tau_0=V/(ujd)=320000/(1000\times0.922\times900)=0.39\ \text{N/mm}^2$

[问题 6]

由公式（3.32）得：$x=l(\tau_1-\tau_{a1})/\{2(\tau_1-\tau_{m})\}=13000(0.852-0.45)/\{2(0.852-0.200)\}=4007\text{mm}$

$\therefore\quad v_1=x+d=4007+900=4907\ \text{mm}$

v_1 区段的箍筋间距取 s=300mm，为 d/2 以下和 300mm 以下，满足规定的要求。

由公式（3.36）得：$a_{w\min}=0.0015\cdot b_ws=0.0015\times500\times300=225\ \text{mm}^2$

因此，布置 ϕ13 的 U 形箍（a=253mm^2）

由公式（3.35）得：$\tau_v=\sigma_{sa}a/(sb)=176\times253/(300\times500)=0.297$ N/mm^2

$v_2=l/2-v_1=6500-4907=1593$ mm，该区段箍筋间距应为 3d/4 以下且不超过 400mm，因此取 350mm。

由公式（3.37）得：

$$v=l(\tau_1-\tau_c-\tau_v)/\{2(\tau_1-\tau_{III})\}$$
$$=13000(0.852-0.225-0.297)/\{2(0.852-0.200)\}$$
$$=3290 \text{ mm}$$

由公式（3.38）得：$V_b=(\tau_1-\tau_c-\tau_v)vb/2=(0.852-0.225-0.297)\times3290\times500/2=271425$ N

由公式（3.39）得：$A_b=V_b/(\sigma_{sa}\cdot\cos45°)=271425/(176\times\cos45°)=2181$ mm^2

因此，将 10 根 ϕ32 受拉钢筋中的 6 根作为弯起钢筋（A_b=2323mm^2）使用。非弯起钢筋中锚固在支点内的受力钢筋根数超过 1/3，满足规定要求。

下面验算粘结应力。首先计算支点的最大剪力 V_1，j=0.922（计算省略）

$V_1=\tau_1(bjd)=0.852\times(500\times0.922\times900)=353495$ N

由公式（3.40）得：$u\geqslant V_1/(2\tau_{0a}jd)=353495/(2\times1.6\times0.922\times900)=133$ mm

进行锚固的主受力钢筋（4- ϕ32）的周长为 400mm，足够安全。钢筋布置图省略。

—第 4 章　问题解答—

[问题 1]

承载力极限状态：参照表 5.1

正常使用极限状态：参照表 6.1

疲劳极限状态：在机动车、列车等往复荷载作用下产生疲劳破坏时的状态

[问题 2]

截面承载力设计值：利用材料强度计算的构件截面的强度

截面内力设计值：因荷载作用在构件截面上产生的力

[问题 3]

1. γ_m（材料系数），2. γ_b（构件系数），3. γ_f（荷载系数），4. γ_a（结构分析系数），γ_i（结构系数）

[问题 4]

1. ϕ10cm，2. 20cm，3. 28 天，4. $f'_{ck}=f'_{cm}(1-k\delta)$

—第 5 章　问题解答—

[问题 1]

受拉区钢筋屈服后拉断的受拉破坏和受压区混凝土的受压破坏。

[问题 2]

（1）查附表 3 得 A_s=2292mm^2

计算内容	计算公式	计算值	使用值
抗压强度设计值 f'_{cd}	查表 1.2	$f'_{cd}=18.5\ \text{N/mm}^2$	18.5 N/mm²
抗拉强度设计值 f_{yd}	$f_{yd}=\dfrac{f_{yk}}{\gamma_s}$	$f_{yd}=\dfrac{300}{1.0}=300\ \text{N/mm}^2$	300 N/mm²
压力合力点的作用位置 y_c	由公式（5.1） $y_c=\dfrac{A_s f_{yd}}{2\times\alpha f'_{cd} b}$	$y_c=\dfrac{2292\times300}{2\times0.85\times18.5\times500}$ $=43.7\ \text{mm}$	43.7 mm
受拉钢筋的应变 ε_s	由图 5.2（b） $\varepsilon_s=\dfrac{\varepsilon'_{cu}(d-x)}{x}$ $=\dfrac{\varepsilon'_{cu}(d-2.5y_c)}{2.5y_c}$	$\varepsilon_s=\dfrac{0.0035(800-2.5\times43.7)}{2.5\times43.7}$ $=0.022$	0.022
受拉钢筋屈服时的应变 ε_y	$\varepsilon_y=\dfrac{f_{yd}}{E_s}$	$\varepsilon_y=\dfrac{300}{200000}=0.0015$	0.0015
判断钢筋是否屈服	$\varepsilon_s>\varepsilon_y$	$0.022>0.0015$ 因此，钢筋屈服。	
受弯承载力设计值 M_{ud}	由公式（5.4） $M_{ud}=\dfrac{A_s f_{yd}(d-y_c)}{\gamma_b}$	$M_{ud}=\dfrac{2292\times300(800-43.7)}{1.15}$ $=452.2\times10^6\ \text{N}\cdot\text{mm}$ $=452.2\ \text{kN}\cdot\text{m}$	452.2 kN·m
安全性验算	$\dfrac{\gamma_i M_d}{M_{ud}}\leqslant1.0$	$\dfrac{1.15\times300\ \text{kN}\cdot\text{m}}{452.2\ \text{kN}\cdot\text{m}}=0.77<1.0$ 因此，是安全的。	

（2）查附表 3 得 A_s=5067mm^2

计算内容	计算公式	计算值	使用值
抗压强度设计值 f'_{cd}	查表 1.2	$f'_{cd}=18.5\ \text{N/mm}^2$	18.5 N/mm²
抗拉强度设计值 f_{yd}	$f_{yd}=\dfrac{f_{yk}}{\gamma_s}$	$f_{yd}=\dfrac{300}{1.0}=300\ \text{N/mm}^2$	300 N/mm²

假设中和轴在翼缘内（$x \leqslant t$） 混凝土的受压合力 C' 假设纵向受拉钢筋屈服（$\varepsilon_s \geqslant \varepsilon_y$） 钢筋的受拉合力 T 中立轴到受压区上边缘的距离 x	$2y_c=0.8x$ $C'=\alpha f'_{cd}b\times0.8x$ $T=A_sf_{yd}$ $C'=T$ 由公式（5.5） $x=\dfrac{A_sf_{yd}}{0.8\alpha f'_{cd}b}$	$x=\dfrac{5\,067\times300}{0.8\times0.85\times18.5\times800}$ $=151.0$ mm	151.0 mm
判断	$x(=151.0\text{ mm})<t(=200\text{ mm})$ 因此，中和轴的位置在翼缘内，与假定相符。		
受拉钢筋任意点的应变 ε_s	$\varepsilon_s=\dfrac{\varepsilon'_{cu}(d-x)}{x}$	$\varepsilon_s=\dfrac{0.0035(1000-151.0)}{151.0}=0.0196$	0.0196
受拉钢筋屈服时的应变 ε_y	$\varepsilon_y=\dfrac{f_{yd}}{E_s}$	$\varepsilon_y=\dfrac{300}{200000}=0.0015$	0.0015
判断钢筋是否屈服	$\varepsilon_s>\varepsilon_y$	$0.0196>0.0015$ 因此，钢筋屈服。	
计算结果	因此，可以将T形截面考虑为宽度 b 的矩形截面。		
受弯承载力设计值 M_{ud}	由公式（5.4） $M_{ud}=\dfrac{A_sf_{yd}(d-y_c)}{\gamma_b}$ $y_c=0.8x/2$	$y_c=0.8\times151.0/2=60.4$ mm $M_{ud}=\dfrac{5067\times300(1000-60.4)}{1.15}$ $=1241.9\times10^6$ N·mm $=1241.9$ kN·m	1241.9 kN·m
安全性验算	$\dfrac{\gamma_iM_d}{M_{ud}}\leqslant1.0$	$\dfrac{1.15\times900\text{ kN·m}}{1241.9\text{ kN·m}}=0.84<1.0$ 因此，是安全的。	

（3）

计算内容	计算公式	计算值	使用值
抗压强度设计值 f'_{cd}	查表1.2	$f'_{cd}=18.5$ N/mm²	18.5 N/mm²
f_{vcd}	$f_{vcd}=0.20\sqrt[3]{f'_{cd}}$	$f_{vcd}=0.20\times\sqrt[3]{18.5}=0.52$ N/mm²	0.52 N/mm²
纵向受拉钢筋配筋率 p_w	$p_w=\dfrac{A_s}{b_wd}$	$p_w=\dfrac{2292}{500\times800}=0.00573$	0.00573
β_d β_p β_n	$\beta_d=\sqrt[4]{1/d}$ $\beta_p=\sqrt[3]{100p_w}$ $\beta_n=1$	$\beta_d=\sqrt[4]{1/0.8}=1.057$ $\beta_p=\sqrt[3]{100\times0.00573}=0.830$ $\beta_n=1$（轴方向力为0）	1.057 0.830 1
受剪承载力设计值 V_{cd}	$V_{cd}=\dfrac{\beta_d\beta_p\beta_nf_{vcd}b_wd}{\gamma_b}$	$V_{cd}=\dfrac{1.057\times0.830\times1\times0.52\times500\times800}{1.3}$ $=140369$ N	140 kN
安全性验算	$\dfrac{\gamma_iV_d}{V_{cd}}\leqslant1.0$	$\dfrac{1.15\times200\text{ kN}}{140\text{ kN}}=1.65>1.0$ 因此，是不安全的，需要布置抗剪钢筋。	

（4）

计算内容	计算公式	计算值	使用值
抗压强度设计值f'_{cd}	查表 1.2	$f'_{cd}=18.5\ \text{N/mm}^2$	$18.5\ \text{N/mm}^2$
纵向受拉钢筋配筋率p_w	$P_w=\dfrac{A_s}{b_w d}$	$p_w=\dfrac{5067}{300\times1000}=0.01689$	0.01689
f_{vcd}	$f_{vcd}=0.20\sqrt[3]{f'_{cd}}$	$f_{vcd}=0.20\times\sqrt[3]{18.5}=0.52\ \text{N/mm}^2$	$0.52\ \text{N/mm}^2$
β_d β_p β_n	$\beta_d=\sqrt[4]{1/d}$ $\beta_p=\sqrt[3]{100p_w}$ $\beta_n=1$	$\beta_d=\sqrt[4]{1/1}=1$ $\beta_p=\sqrt[3]{100\times0.01689}=1.190$ $\beta_n=1$ （轴力为 0）	1 1.190 1
受剪承载力设计值V_{cd}	$V_{cd}=\dfrac{\beta_d\beta_p\beta_n f_{vcd} b_w d}{\gamma_b}$	$V_{cd}=\dfrac{1\times1.190\times1\times0.52\times300\times1000}{1.3}$ $=142800\ \text{N}$	142.8 kN
安全性验算	$\dfrac{\gamma_i V_d}{V_{cd}}\leqslant1.0$	$\dfrac{1.15\times300\ \text{kN}}{142.8\ \text{kN}}=2.42>1.0$ 因此，是不安全的，需要布置抗剪钢筋。	
抗剪钢筋屈服强度设计值f_{wyd}	$f_{wyd}=\dfrac{f_{wyk}}{\gamma_s}$	$f_{wyd}=\dfrac{300}{1.0}=300\ \text{N/mm}^2$	$300\ \text{N/mm}^2$
力臂长度z（应力中心之间的距离）	$z=\dfrac{d}{1.15}$	$z=\dfrac{1000}{1.15}=869.5\ \text{mm}$	869.5 mm
抗剪钢筋受剪承载力设计值V_{sd}	$V_{sd}=\dfrac{A_w f_{wyd}(z/s)}{\gamma_b}$	$V_{sd}=\dfrac{253\times300\times(869.5/200)}{1.15}$ $=286935\ \text{N}$	286.9 kN
受剪承载力设计值V_{yd}	$V_{yd}=V_{cd}+V_{sd}$	$V_{yd}=142.8+286.9=429.7\ \text{kN}$	429.7 kN
安全性验算	$\dfrac{\gamma_i V_d}{V_{cd}}\leqslant1.0$	$\dfrac{1.15\times300\ \text{kN}}{429.7\ \text{kN}}=0.81<1.0$ 因此，是安全的。	
腹板混凝土的斜截面抗剪强度设计值f_{wcd}	$f_{wcd}=1.25\sqrt{f'_{cd}}$	$f_{wcd}=1.25\times\sqrt{18.5}=5.37\ \text{N/mm}^2$	$5.37\ \text{N/mm}^2$
腹板混凝土的斜截面受剪承载力设计值V_{wcd}	$V_{wcd}=\dfrac{f_{wcd} b_w d}{\gamma_b}$	$V_{wcd}=\dfrac{5.37\times300\times1000}{1.3}$ $=1239230\ \text{N}$	1239 kN
安全性验算	$\dfrac{\gamma_i V_d}{V_{cd}}\leqslant1.0$	$\dfrac{1.15\times300\ \text{kN}}{1\,239\ \text{kN}}=0.28<1.0$ 因此，是安全的。	

—第 6 章　问题解答—

[问题 1]

（1）参见表 6.1

（2）主要对裂缝、挠度、振动等进行复核验算。

（3）主要考虑受拉钢筋应变的影响和混凝土收缩应变的影响。

[问题 2]

先计算设计弯矩 M_e，由公式（6.5）得

$$M_e = M_p + k_2 M_r$$
$$= P_1 (H/3) + k_2 P_2 (H/2)$$
$$= (24.4 \times 4.60 \times 1/2) \times 4.6/3 + 0.5 \times (3.4 \times 4.60) \times 4.6/2$$
$$= 86.05 + 17.99 = 104.04 \text{ kN·m}$$

然后计算受弯裂缝 w，由公式（6.4）得：

$$w = k_1 \{4c + 0.7(c_s - \phi)\}\left(\frac{\sigma_{se}}{E_s} + \varepsilon'_{cs}\right)$$

上式中的各值计算如下：

k_1=1.0

保护层厚度 c=100–19/2=90.5mm

钢筋间距 c_s=125mm

钢筋直径 ϕ =19mm

钢筋应力 σ_s：f'_{ck}=21N/mm^2，查表 6.2 并经过插值计算得：

$$n = 8.55$$
$$p = A_s / bd = 2292/(1000 \times 340) = 0.0067$$
$$k = 0.286,\ j = 0.905$$
$$\sigma_s = \frac{M_e}{A_s jd} = \frac{104040000}{2292 \times 0.905 \times 340} = 147.5 \text{ N/mm}^2$$
$$\varepsilon'_{csd} = 150 \times 10^{-6}$$

∴ 裂缝宽度 $w = k_1 \{4c + 0.7(c_s - \phi)\}\left(\frac{\sigma_{se}}{E_s} + \varepsilon'_{csd}\right)$

$$= 1.0 \times \{4 \times 90.5 + 0.7(125 - 19)\} \times \left(\frac{147.5}{2.0 \times 10^5} + 150 \times 10^{-6}\right)$$
$$= 0.39 \text{ mm}$$

与容许裂缝宽度 w_a 进行比较。查表 6.4 得：

一般环境时 $w_a = 0.005c = 0.005 \times 90.5 = 0.45 \text{ mm} > w$……OK

[问题 3]

计算中需要的各值		A_s=2072mm²，f'_{ck}= 30N/mm² 时，查表 6.2 得弹性模量比为 n=7.14 尺寸效应系数 k_1，混凝土抗拉强度特征值 f_{tk}，材料系数 γ_c=1.0 时，混凝土抗拉强度设计值 f_{tde} 的计算如下： $k_1=0.6/h^{1/3}=0.6/0.62^{1/3}=0.704$ $f_{tk}=0.23f'^{2/3}_{ck}=0.23\times30^{2/3}=2.22\ \text{N/mm}^2$ $f_{tde}=k_1f_{tk}/\gamma_c=0.704\times2.22/1.0=1.56\ \text{N/mm}^2$
全截面有效时	中和轴位置	$x=\dfrac{bh^2/2+nA_sd}{bh+nA_s}=\dfrac{420\times620^2/2+7.14\times2072\times560}{420\times620+7.14\times2\,072}=323\ \text{mm}$
	截面惯性矩 I_g	$I_g=\dfrac{bx^3}{3}+\dfrac{b(h-x)^3}{3}+nA_s(d-x)^2$ $=\dfrac{420\times323^3}{3}+\dfrac{420\times(620-323)^3}{3}+7.14\times2072\times(560-323)^2=9.216\times10^9\ \text{mm}^4$
忽略受拉区混凝土时	中和轴位置	$x=\sqrt{2nA_sd/b+(nA_s/b)^2}-nA_s/b$ $=\sqrt{2\times7.14\times2072\times560/420+(7.14\times2072/420)^2}-7.14\times2\,072/420=166\ \text{mm}$
	截面惯性矩 I_{cr}	$I_{cr}=\dfrac{bx^3}{3}+nA_s(d-x)^2$ $=\dfrac{420\times166^3}{3}+7.14\times2072\times(560-166)^2=2.937\times10^9\ \text{mm}^4$
M_{crd}		$M_{crd}=\dfrac{f_{tde}I_g}{h-x}=\dfrac{1.56\times9.216\times10^9}{620-166}=3.167\times10^7\ \text{N·mm}=31.67\ \text{kN·m}$
最大弯矩设计值 M_{max}		$M_{max}=\dfrac{Pl}{4}=\dfrac{250\times4}{4}=250\ \text{kN·m}$
计算变形时采用的截面惯性矩 I_e		$I_e=\left[\left(\dfrac{M_{crd}}{M_{max}}\right)^3I_g+\left\{1-\left(\dfrac{M_{crd}}{M_{max}}\right)^3\right\}I_{cr}\right]$ $=[0.127^3\times9.216\times10^9+(1-0.127^3)\times2.937\times10^9]=2.950\times10^9\ \text{mm}^4<I_g$
最大挠度 δ		按照图 6.8 的公式计算。另查表 1.4 得：E_c=28kN/mm²，因此： $\delta=\dfrac{Pl^3}{48E_cI_e}=\dfrac{250\times4000^3}{48\times28\times2.950\times10^9}=4.0\ \text{mm}$

—第 7 章　问题解答—

[问题 1]

（1）疲劳荷载（变幅循环荷载的大小）及其循环次数（作用频度）

（2）安全性验算方法

（3）钢筋与混凝土的疲劳寿命 N

（4）响应分析（由疲劳荷载作用产生的变幅应力（截面内力）的计算方法）

[问题 2]

（1）应力方法或截面内力方法

（2）循环次数方法

[问题 3]

（1）桥梁等构筑物

（2）海洋构筑物

[问题 4]

（1）循环次数为定值

（2）应力（内力）为定值

[问题 5]

（1）Range Pair 法

（2）上跨零点法

[问题 6]

（1）铁路桥的荷载评价

（2）海洋构筑物的波浪荷载评价

—第 8 章　问题解答—

[问题 1]

（1）弯钩：钢筋混凝土中，钢筋受很大的拉应力作用，在混凝土中应有足够的锚固以防止钢筋发生滑移或被拉出。因此常将钢筋末端弯折，弯折部分钢筋被称为钢筋弯钩。

（2）基本锚固长度：为了使钢筋在混凝土中充分锚固达到需要的粘结强度而规定的锚固长度。当钢筋端部有弯钩时可适当减小。

（3）焊接连接接头：钢筋连接的一种形式，一般多采用气压焊连接。

[问题 2]

《混凝土规范（设计篇）》中规定，弯钩形式有半圆形箍筋、锐角箍筋、直角箍筋共 3 种，分别用于不同种类的钢筋。

[问题 3]

搭接连接方法操作非常简单，钢筋搭接后可直接浇筑混凝土，不像焊接接头需要特殊的专业技术。当受低周疲劳反复荷载作用时可通过设置弯钩或采用螺旋箍筋等措施进行加强。

[问题 4]

1. 保护层厚度，2. 粘结应力，3. 碱性，4. 锈蚀，5. 钢筋净距

[问题 5]

需要钢筋量 A_s= 3740mm^2。查附表 3，采用 10 根 ϕ22 的螺纹钢筋。因此 A_s= 3871mm^2

配筋率计算

$p=\dfrac{A_s}{bd}=\dfrac{3\,871}{400\times700}=0.014\geqslant0.2\%$ 以上

（按照《混凝土规范（设计篇）》中的规定）

最小保护层厚度计算

α=1.0（表 8.1） c_0=30（表 8.2）

按公式（8.1）计算得：

$c_{\min}=\alpha c_0=1.0\times30=30$ mm

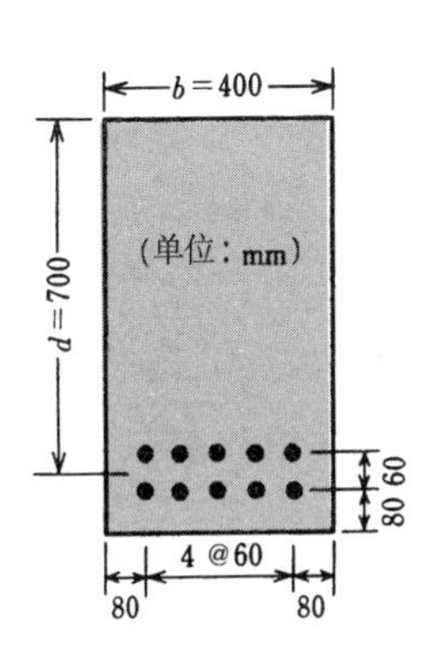

钢筋净距（按照《混凝土规范（设计篇）》中的规定）

① 水平方向净距 20mm 以上

② 粗骨料尺寸的 4/3 以上

③ 钢筋直径以上

④ 双层布筋时，20mm 以上，钢筋直径以上

按照以上原则进行配筋的结果见右图。

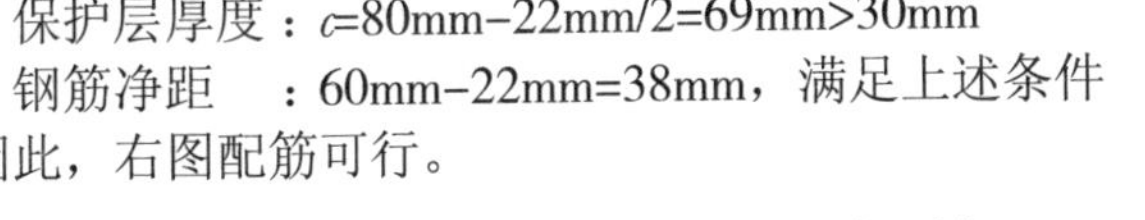

保护层厚度：c=80mm−22mm/2=69mm>30mm

钢筋净距　：60mm−22mm=38mm，满足上述条件

因此，右图配筋可行。

—第 9 章　问题解答—

[问题 1]

参见图 9.1

[问题 2]

（1）承载力极限状态

（2）	抗倾覆稳定性验算	（3）	$\dfrac{M_{rd}}{M_{sd}}\geqq\gamma_i$
	抗滑移稳定性验算		$\dfrac{H_{rd}}{H_{sd}}\geqq\gamma_i$
	地基承载力验算		$\dfrac{V_{rd}}{V_{sd}}\geqq\gamma_i$

[问题 3]

参见图 9.9

附　　表

钢筋与混凝土的容许应力（容许应力设计法） **附表 1**

① 钢筋的容许拉应力 σ_{sa}（N/mm²）

钢筋种类	SR235	SR295	SD295A、B	SD345	SD390
（a）一般情况下的容许抗拉强度	137	157	176	196	206
（b）由疲劳强度确定的容许抗拉强度	137	157	157	176	176
（c）由屈服强度确定的容许抗拉强度	137	176	176	196	216

（注）*当混凝土强度标准值 f'_{ck} 小于 18N/mm² 时，钢筋的容许抗拉强度，对普通光面钢筋取 117N/mm² 以下，对螺纹钢筋取 157N/mm² 以下。
* 钢筋的容许抗压强度取（c）栏中的容许抗拉强度值。
* 采用上述表格中未规定的钢筋时，必须在相关责任人的指导下，根据试验结果确定容许应力。

② 混凝土的容许应力（N/mm²）（普通混凝土）

项　目			强度标准值 f'_{ck}（N/mm²）			
			18	24	30	40 以上
容许受弯压应力 σ'_{ca}			7	9	11	14
容许受剪应力 τ_a	计算斜截面受拉钢筋时 τ_{a1}	梁	0.4	0.45	0.5	0.55
		板	0.8	0.9	1.0	1.1
	不计算斜截面受拉钢筋时 τ_{a2}	仅受剪时	1.8	2.0	2.2	2.4
容许粘结应力 τ_{0a}	钢筋种类	普通光面钢筋	0.7	0.8	0.9	1.0
		螺纹钢筋	1.4	1.6	1.8	2.0
容许局部受压应力 σ'_{ca}	全截面受荷时		$\sigma'_{ca} \leqslant 0.3 f'_{ck}$			
	局部截面受荷时		$\sigma'_{ca} \leqslant (0.25+0.05A/A_a) f'_{ck}$ 其中，$\sigma'_{ca} \leqslant 0.5 f'_{ck}$ 式中，A：局部受压计算时的混凝土全面积 A_a：混凝土局部受压面积			

附表 2

① 普通光面钢筋根数与截面面积

直径（mm）	截面面积（cm^2）	重量（kgf/m）	根数与截面面积（cm^2）															
			2 根	3 根	4 根	5 根	6 根	7 根	8 根	9 根	10 根	11 根	12 根	13 根	14 根	15 根	16 根	18 根	20 根
6	0.2827	0.222	0.57	0.85	1.13	1.41	1.70	1.98	2.26	2.54	2.83	3.11	3.39	3.68	3.96	4.24	4.52	5.09	5.65
9	0.6362	0.499	1.27	1.91	2.55	3.18	3.82	4.45	5.09	5.73	6.36	7.00	7.63	8.27	8.91	9.54	10.18	11.45	12.72
12	1.131	0.888	2.26	3.39	4.52	5.66	6.79	7.92	9.05	10.18	11.31	12.44	13.57	14.70	15.83	16.99	18.10	20.36	22.62
13	1.327	1.04	2.65	3.98	5.31	6.64	7.96	9.29	10.62	11.94	13.27	14.60	15.92	17.25	18.58	19.91	21.23	23.89	26.54
16	2.011	1.58	4.02	6.03	8.04	10.06	12.06	14.06	16.08	18.10	20.10	22.11	24.12	26.13	28.14	30.15	32.16	36.18	40.20
19	2.835	2.23	5.67	8.51	11.34	14.18	17.01	19.85	22.68	25.52	28.35	31.19	34.02	36.86	39.69	42.53	45.36	51.03	56.70
22	3.801	2.98	7.60	11.40	15.20	19.01	22.81	26.61	30.41	34.21	38.01	41.81	45.61	49.41	53.21	57.02	60.82	68.42	76.02
25	4.909	3.85	9.82	14.73	19.64	24.55	29.45	34.36	39.27	44.18	49.09	54.00	58.91	63.82	68.73	73.64	78.54	88.36	98.18
28	6.158	4.83	12.32	18.47	24.63	30.79	36.95	43.11	49.26	55.42	61.58	67.74	73.90	80.05	86.21	92.37	98.53	110.84	123.16
32	8.042	6.31	16.08	24.13	32.17	40.21	48.25	56.29	64.34	72.38	80.42	88.46	96.50	104.55	112.59	120.63	128.67	144.76	160.84
36	10.180	7.99	20.36	30.54	40.72	50.90	61.08	71.26	81.44	91.62	101.80	111.98	122.16	132.34	142.52	152.70	162.88	183.24	203.60

附表 2

② 普通光面钢筋根数与周长

直径（mm）	周长（cm）	重量（kgf/m）	根数与周长（cm）															
			2根	3 根	4 根	5 根	6 根	7 根	8 根	9 根	10 根	11 根	12 根	13 根	14 根	15 根	16 根	18 根	20 根
6	1.885	0.222	3.77	5.66	7.54	9.43	11.31	13.20	15.08	16.97	18.85	20.74	22.62	24.51	26.39	28.28	30.16	33.93	37.70
9	2.827	0.499	5.65	8.48	11.31	14.14	16.96	19.79	22.62	25.44	28.27	31.10	33.92	36.75	39.58	42.41	45.23	50.89	56.54
12	3.770	0.888	7.54	11.31	15.08	18.85	22.62	26.39	30.16	33.93	37.70	41.47	45.24	49.01	52.78	56.55	60.32	67.86	75.40
13	4.084	1.04	8.17	12.26	16.34	20.42	24.50	28.59	32.67	36.76	40.84	44.92	49.01	53.09	57.18	61.26	65.34	73.51	81.68
16	5.027	1.58	10.05	15.03	20.11	25.14	30.16	35.19	40.22	45.24	50.27	55.30	60.32	65.35	70.38	75.41	80.43	90.49	100.54
19	5.969	2.28	11.94	17.91	23.88	29.85	35.81	41.78	47.75	53.72	59.69	65.66	71.63	77.60	83.57	89.54	95.50	107.44	119.38
22	6.911	2.98	13.82	20.73	27.64	34.56	41.47	48.38	55.29	62.20	69.11	76.02	82.93	89.84	96.75	103.67	110.58	124.40	138.22
25	7.854	3.85	15.71	23.56	31.42	39.27	47.12	54.98	62.83	70.69	78.54	86.39	94.25	102.10	109.96	117.81	125.66	141.37	157.08
28	8.769	4.83	17.59	26.39	35.18	43.98	52.78	61.57	70.37	79.16	87.96	96.76	105.55	114.35	123.14	131.94	140.74	158.33	175.92
32	10.053	6.31	20.11	30.16	40.21	50.27	60.32	70.37	80.42	90.48	100.53	110.58	120.64	130.69	140.74	150.80	160.85	180.95	201.06
36	11.310	7.99	22.62	33.93	45.24	56.55	67.86	79.17	90.48	101.79	113.10	124.41	135.72	147.03	158.34	169.65	180.96	203.58	226.20

① 螺纹钢筋

名称	单位重量（kgf/m）	公称直径（mm）	公称面积（cm^2）	根数与截						
				2根	3根	4根	5根	6根	7根	8根
D6	0.249	6.35	0.3167	0.63	0.95	1.27	1.58	1.90	2.22	2.53
D10	0.560	9.53	0.7133	1.43	2.14	2.85	3.57	4.28	4.99	5.71
D13	0.995	12.7	1.267	2.53	3.80	5.07	6.34	7.60	8.87	10.14
D16	1.56	15.9	1.986	3.97	5.96	7.94	9.93	11.92	13.90	15.89
D19	2.25	19.1	2.865	5.73	8.60	11.46	14.33	17.19	20.06	22.92
D22	3.04	22.2	3.871	7.74	11.61	15.48	19.36	23.23	27.10	30.97
D25	3.98	25.4	5.067	10.13	15.20	20.72	25.34	30.40	35.47	40.54
D29	5.04	28.6	6.424	12.85	19.27	25.70	32.12	38.54	44.97	51.39
D32	6.23	31.8	7.942	15.88	23.83	31.77	39.71	47.65	55.59	63.54
D35	7.51	34.9	9.566	19.13	28.70	38.26	47.83	57.40	66.96	76.53
D38	8.95	38.1	11.40	22.80	34.20	45.60	57.00	68.40	79.80	91.20
D41	10.5	41.3	13.40	26.80	40.20	53.6	67.0	80.4	93.8	107.2
D51	15.9	50.8	20.27	40.54	60.81	81.08	101.35	121.62	141.89	162.16

② 螺纹钢筋

名称	公称周长（cm）	根数与							
		2根	3根	4根	5根	6根	7根	8根	9根
D6	2.0	4.0	6.0	8.0	10.0	12.0	14.0	16.0	18.0
D10	3.0	6.0	9.0	12.0	15.0	18.0	21.0	24.0	27.0
D13	4.0	8.0	12.0	16.0	20.0	24.0	28.0	32.0	36.0
D16	5.0	10.0	15.0	20.0	25.0	30.0	35.0	40.0	45.0
D19	6.0	12.0	18.0	24.0	30.0	36.0	42.0	48.0	54.0
D22	7.0	14.0	21.0	28.0	35.0	42.0	49.0	56.0	63.0
D25	8.0	16.0	24.0	32.0	40.0	48.0	56.0	64.0	72.0
D29	9.0	18.0	27.0	36.0	45.0	54.0	63.0	72.0	81.0
D32	10.0	20.0	30.0	40.0	50.0	60.0	70.0	80.0	90.0
D35	11.0	22.0	33.0	44.0	55.0	66.0	77.0	88.0	99.0
D38	12.0	24.0	36.0	48.0	60.0	72.0	84.0	96.0	108.0
D41	13.0	26.0	39.0	52.0	65.0	78.0	91.0	104.0	117.0
D51	16.0	32.0	48.0	64.0	80.0	96.0	112.0	128.0	144.0

根数与截面面积　　附表 3

面面积（cm）

9 根	10 根	11 根	12 根	13 根	14 根	15 根	16 根	17 根	18 根	19 根	20 根
2.85	3.17	3.48	3.80	4.12	4.43	4.75	5.07	5.38	5.70	6.02	6.33
6.42	7.13	7.85	8.56	9.27	9.99	10.70	11.41	12.13	12.84	13.55	14.27
11.40	12.67	13.94	15.20	16.47	17.74	19.01	20.27	21.54	22.81	24.07	25.34
17.87	19.86	21.85	23.83	25.82	27.80	29.79	31.78	33.76	35.75	37.73	39.72
25.79	28.65	31.52	34.38	37.25	40.11	42.98	45.84	48.71	51.75	54.44	57.30
34.84	38.71	42.58	46.45	50.32	54.19	58.07	61.94	65.81	69.68	73.55	77.42
45.60	50.67	55.74	60.80	65.87	70.94	76.01	81.07	86.14	91.21	96.27	101.34
57.82	64.24	70.66	77.09	83.51	89.94	96.36	102.78	109.21	115.63	122.06	128.48
71.48	79.42	87.36	95.30	103.25	111.19	119.13	127.07	135.01	142.96	150.90	158.84
86.09	95.66	105.23	114.79	124.36	133.92	143.49	153.06	162.62	172.19	181.75	191.32
102.60	114.00	125.40	136.80	148.20	159.60	171.00	182.40	193.80	205.20	216.60	228.00
120.6	134.00	147.40	160.80	174.20	187.60	201.00	214.40	227.80	241.20	254.60	268.00
182.43	202.7	222.97	243.24	263.51	283.78	304.05	324.32	344.59	364.86	385.13	405.4

根数与周长　　附表 3

周长（cm）

10 根	11 根	12 根	13 根	14 根	15 根	16 根	17 根	18 根	19 根	20 根
20.0	22.0	24.0	26.0	28.0	30.0	32.0	34.0	36.0	38.0	40.0
30.0	33.0	36.0	39.0	42.0	45.0	48.0	51.0	54.0	57.0	60.0
40.0	44.0	48.0	52.0	56.0	60.0	64.0	68.0	72.0	76.0	80.0
50.0	55.0	60.0	65.0	70.0	75.0	80.0	85.0	90.0	95.0	100.0
60.0	66.0	72.0	78.0	84.0	90.0	96.0	102.0	108.0	114.0	120.0
70.0	77.0	84.0	91.0	98.0	105.0	112.0	119.0	126.0	133.0	140.0
80.0	88.0	96.0	104.0	112.0	120.0	128.0	136.0	144.0	152.0	160.0
90.0	99.0	108.0	117.0	126.0	135.0	144.0	153.0	162.0	171.0	180.0
100.0	110.0	120.0	130.0	140.0	150.0	160.0	170.0	180.0	190.0	200.0
110.0	121.0	132.0	143.0	154.0	165.0	176.0	187.0	198.0	209.0	220.0
120.0	132.0	144.0	156.0	168.0	180.0	192.0	204.0	216.0	228.0	240.0
130.0	143.0	156.0	169.0	182.0	195.0	208.0	221.0	234.0	247.0	260.0
160.0	176.0	192.0	208.0	224.0	240.0	256.0	272.0	288.0	304.0	320.0

单筋矩形截面梁的 p、k、j（n=15 时）　　附表 4

p	k	j	p	k	j	p	k	j	p	k	j
0.0010	0.159	0.947	0.0060	0.344	0.885	0.0110	0.433	0.856	0.0160	0.493	0.836
11	166	945	61	346	885	111	434	855	161	494	835
12	173	943	62	348	884	112	436	855	162	495	835
13	179	940	63	350	883	113	437	854	163	496	835
14	185	938	64	353	883	114	438	854	164	497	834
15	191	936	65	355	882	115	440	853	165	498	834
16	196	935	66	357	881	116	441	853	166	499	834
17	202	933	67	359	880	117	442	852	167	500	833
18	207	931	68	361	880	118	444	852	168	501	833
19	211	929	69	363	879	119	445	852	169	502	833
0.0020	0.217	0.928	0.0070	0.365	0.878	0.0120	0.446	0.851	0.0170	0.503	0.832
21	222	926	71	367	878	121	447	851	171	504	832
22	226	925	72	369	877	122	449	850	172	505	832
23	230	923	73	371	876	123	450	850	173	506	831
24	235	922	74	373	876	124	452	849	174	507	831
25	239	920	75	375	875	125	453	849	175	508	831
26	240	919	76	377	874	126	454	849	176	509	830
27	247	918	77	379	874	127	455	848	177	510	830
28	251	916	78	381	873	128	457	848	178	511	830
29	252	915	79	383	873	129	458	847	179	512	829
0.0030	0.258	0.914	0.0080	0.384	0.872	0.0130	0.459	0.847	0.0180	0.513	0.829
31	262	913	81	386	871	131	461	847	181	514	829
32	266	912	82	388	871	132	462	846	182	515	828
33	269	910	83	390	870	133	463	846	183	516	828
34	272	909	84	392	870	134	464	845	184	517	828
35	276	908	85	393	869	135	465	845	185	518	828
36	279	907	86	395	868	136	467	845	186	518	827
37	282	906	87	397	868	137	468	844	187	519	827
38	285	905	88	399	867	138	469	844	188	520	827
39	289	904	89	400	867	139	470	843	189	521	826
0.0040	0.292	0.903	0.0090	0.402	0.866	0.0140	0.471	0.843	0.0190	0.522	0.826
41	295	902	91	404	866	141	472	843	191	523	826
42	298	901	92	405	865	142	474	842	192	524	825
43	300	900	93	407	864	143	475	842	193	525	825
44	303	899	94	408	864	144	476	841	194	526	825
45	306	898	95	410	863	145	477	841	195	526	825
46	309	897	96	412	863	146	478	841	196	527	824
47	312	896	97	413	862	147	479	840	197	528	824
48	314	895	98	415	862	148	480	840	198	529	824
49	317	894	99	416	861	149	481	840	199	530	823
0.0050	0.320	0.894	0.0100	0.418	0.861	0.150	0.483	0.839	0.0200	0.531	0.823
51	322	893	101	419	860	151	484	839	201	532	823
52	325	892	102	421	860	152	485	838	202	532	823
53	327	891	103	423	859	153	486	838	203	533	822
54	330	890	104	424	859	154	487	838	204	534	822
55	332	889	105	425	858	155	488	837	205	535	822
56	334	889	106	427	858	156	489	837	206	536	821
57	337	888	107	428	857	157	490	837	207	537	821
58	339	887	108	430	857	158	491	836	208	537	821
59	341	886	109	431	856	159	492	836	209	538	821

单筋矩形截面梁的 C_1、C_2 值　　　　附表 5

σ'_{ca} (N/mm²)	$\sigma_{sa}=137$ N/mm²		$\sigma_{sa}=157$ N/mm²		$\sigma_{sa}=176$ N/mm²	
	C_1	C_2	C_1	C_2	C_1	C_2
7	0.877	0.00973	0.907	0.00810	0.935	0.00694
9	0.732	0.01194	0.754	0.00999	0.774	0.00859
11	0.638	0.01399	0.654	0.01174	0.669	0.01012
14	0.544	0.01682	0.555	0.01417	0.566	0.01225

σ'_{ca} (N/mm²)	$\sigma_{sa}=196$ N/mm²		$\sigma_{sa}=206$ N/mm²	
	C_1	C_2	C_1	C_2
7	0.963	0.00600	0.977	0.00560
9	0.794	0.00744	0.804	0.00695
11	0.685	0.00879	0.693	0.00823
14	0.578	0.01067	0.583	0.01001

参　考　文　献

1)　土木学会：コンクリート標準示方書（設計編）（平成 8 年版）
2)　大塚浩司・庄谷征美・外門正直・原忠勝：鉄筋コンクリート工学　限界状態へのアプローチ，技報堂（1989）
3)　前田詔一・岡村　甫：鉄筋コンクリート工学，市ヶ谷出版社（1990）
4)　岡田　清・平澤征夫・伊藤和幸・不破　昭：鉄筋コンクリート工学，鹿島出版会（1990）
5)　同：鉄筋コンクリート演習，同上
6)　後藤幸夫・尾坂芳夫・三浦　尚：コンクリート工学（II）設計，彰国社（1993）
7)　日本道路協会：道路橋示方書・同解説（共通編）（コンクリート編）（鋼橋編）（下部構造編），日本道路協会（1990）

主编简历

粟津清藏

1944 年　日本大学工学部毕业

1958 年　工学博士

现　在　日本大学名誉教授

作者简历

伊藤实

1963 年　日本大学理工学部毕业

原大分县立中津工业高等学校教师

松本技术咨询 consultant（株式会社）

小笹修广

1983 年　熊本工业大学工学部毕业

现　在　大分县立中津东高等学校教师

佐藤启治

1987 年　熊本大学大学院工学研究科

土木工学专业　硕士课程结业

1995 年　熊本大学大学院自然科学研究科

环境工学专业，博士课程结业

1996 年　工学博士

现　在　大分县立大分工业高等学校指导教师

著作权合同登记图字：01—2014—1667号

图书在版编目（CIP）数据

钢筋混凝土设计：原著第二版 /（日）粟津清藏主编；季小莲译. —北京：中国建筑工业出版社，2016.9
国外高校土木工程专业图解教材系列
（适合土木工程专业本科、高职学生使用）
ISBN 978-7-112-19792-7

Ⅰ.①钢… Ⅱ.①粟…②季… Ⅲ.①钢筋混凝土结构-结构设计-高等学校-教材 Ⅳ.①TU375.04

中国版本图书馆CIP数据核字（2016）第214729号

Original Japanese edition
Etoki Tekkin Concrete no Sekkei (Kaitei 2 Han)
Supervised by Seizou Awazu
By Minoru Ito,Nobuhiro Ozasa, Keiji Sato
Copyright © 1998 by Minoru Ito, Nobuhiro Ozasa,Keiji Sato
Published by Ohmsha,Ltd.
This Simplified Chinese Language edition published by China Architecture & Building Press
Copyright © 2016
All rights reserved.

本书由日本欧姆社授权翻译出版

责任编辑：白玉美 姚丹宁 责任校对：刘 钰 李美娜

国外高校土木工程专业图解教材系列
钢筋混凝土设计
原著第二版
（适合土木工程专业本科、高职学生使用）
[日] **粟津清藏 主编**
伊藤实、小笹修广、佐藤启治 合著
季小莲 译

*
中国建筑工业出版社出版、发行（北京西郊百万庄）
各地新华书店、建筑书店经销
北京嘉泰利德公司制版
北京君升印刷有限公司印刷
*
开本：880×1230毫米 1/32 印张：6½ 字数：186千字
2016年11月第一版 2016年11月第一次印刷
定价：28.00元
ISBN 978-7-112-19792-7
(28287)
版权所有 翻印必究
如有印装质量问题，可寄本社退换
（邮政编码 100037）

中国建筑工业出版社相关图书

《建筑构造——从图纸·模型·3D详解世界四大名宅》

《图解建筑知识问答系列——钢结构建筑入门》

《图解建筑知识问答系列——钢筋混凝土结构建筑入门》

《地域环境的设计与继承》

《图解住居学》

《居住的学问》

《世界住居》

《住宅设计师笔记》

《图解室内设计基础》

《场所设计》

《新共生思想》

《建筑学的教科书》

《建筑论与大师思想》

《建筑与环境共生的25个要点》

《图解建筑外部空间设计要点》

《勒·柯布西耶的住宅空间构成》

《路易斯·I·康的空间构成》

《空间表现》

《空间要素》

《空间设计要素图典》

《空间设计技法图典》

《20世纪的空间设计》

日本建筑院校毕业设计优秀作品集

《日本建筑院校毕业设计优秀作品集 1》

《日本建筑院校毕业设计优秀作品集 2》

《日本建筑院校毕业设计优秀作品集 3》

《日本建筑院校毕业设计优秀作品集 4》

Architecture Dramatic 丛书

《都市空间作法笔记》

《世界著名建筑 100 例》

《勒・柯布西耶建筑创作中的九个原型》

《风・光・水・地・神的设计》

《建筑设计的构思方法》

《建筑的七个力》

《环境建筑导读》

《建筑结构设计精髓》

《医疗福利建筑室内设计》

《无障碍环境设计》